ディジタル
コンピューティング システム

亀山充隆 著

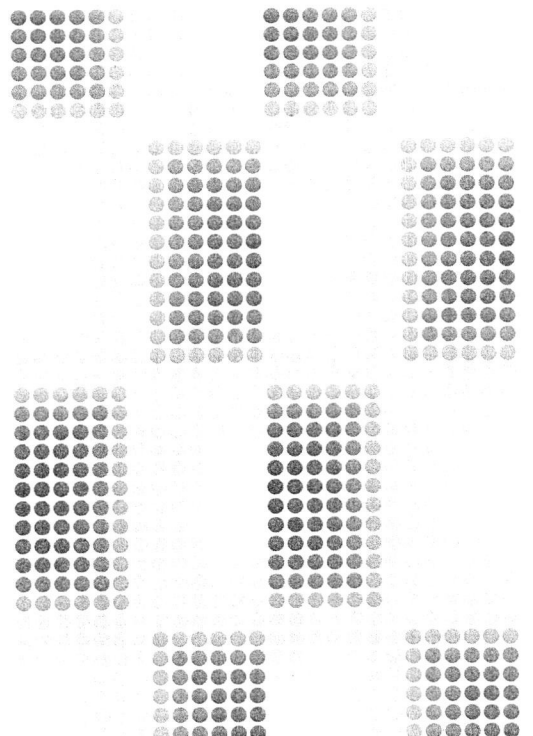

朝倉書店

本書は，株式会社昭晃堂より出版された同名書籍を再出版したものです．

はしがき

　集積回路技術の進展により，マイクロプロセッサに代表されるVLSIプロセッサの高性能化は目覚ましいものがある．21世紀においては，性能やコストというような量的な観点のみならず，使用容易性やインテリジェント化など質的な観点でも，その進展が益々期待されている．また，特定の応用を指向した専用VLSIプロセッサも，システム応用機能がワンチップに組み込まれたシステムLSIとして，益々重要性が増大している．このような応用に必須である基礎の1つが，ディジタルコンピューティングシステムという学問分野である．ディジタルコンピューティングシステムとは，「ディジタル方式に基づき計算を行うシステム」と解釈できるが，これは，論理設計，演算システム設計，計算機ハードウェア設計などの諸分野を統合し，その源流に流れる本質的概念の体系化を目指したいという願望を込めた名称である．

　ディジタルコンピューティングシステムは，種々の階層の要素技術が統合されて，初めて実現されるものである．本書は，このようなことを十分考慮し，初学者を対象に，計算機の動作原理にかかわる重要な基礎事項を，ハードウェア寄りの観点から，さらに動作や構成の原理を重視しながら，解説している．

　ディジタルコンピューティングシステムを習得したい初学者が，最初に学ぶべき階層として，論理設計の階層が重要となる．そこで，論理設計の基礎と本質的概念をできるだけわかりやすく解説することにした．次に，この上位の階層である計算機ハードウェア設計のためのレジスタトランスファ論理について，機械語命令やマイクロ命令と計算機の論理設計との関連など，その接点も十分理解できるよう配慮しながら，解説している．この階層では，レジスタなどを基本モジュールとして，これらのモジュール間の情報転送を系統的に記述することにより，演算レジスタ・演算部や記憶部を制御する信号を発生する制御部の論理設計を行う方法を解説する．さらに，各モジュールは，組合せ回路あるいは順序回路として構成することができるが，並列加算回路などの応用事例を

通してその具体的構成方法を述べている．

　また，演習問題は，ただ単にその章の復習的な問題だけでなく，総合的な理解力を必要とする問題も掲載してあるので，本当の実力が身についたかどうかがわかるように配慮したつもりである．

　本書は，東北大学における計算機ハードウェア分野の講義内容に即して，執筆したものである．東北大学大学院情報科学研究科　伊藤貴康教授には本講義の長年のご経験に基づき，有益なコメントをいただきました．ここに，厚く御礼申し上げます．また，東北大学大学院工学研究科　阿曽弘具教授，岩手大学工学部　安倍正人教授，東北大学電気通信研究所　鈴木陽一教授，及び東北大学大学院情報科学研究科　羽生貴弘助教授には本講義担当を通じて，種々有益なご意見をいただき，この場をお借りして御礼申し上げます．さらに，本書執筆の機会をいただきました昭晃堂　小林孝雄様と校正等でお世話頂きました橋本成一様に深く感謝申し上げます．

1999年8月31日

亀山充隆

目　　次

1　序　　論

1．1　ディジタルとアナログ　1
1．2　数値情報と文字情報のディジタル表現法　3
1．3　ディジタル計算機および集積回路の歴史的背景　5
1．4　ハードウェアとソフトウェア　9
演習問題　13

2　ブール代数と組合せ回路

2．1　公理と基本演算　14
2．2　論理関数　17
2．3　ブール代数の性質　18
2．4　簡単化　23
　2．4．1　カルノー図　23
　2．4．2　論理和形の簡単化　25
　2．4．3　論理積形の簡単化　28
2．5　ＮＡＮＤ回路網とＮＯＲ回路網　30
　2．5．1　完全性　30
　2．5．2　論理和形からＮＡＮＤ回路網への変換　33
　2．5．3　論理積形からＮＯＲ回路網への変換　35
演習問題　37

3　情報記憶回路

3.1　フリップフロップ　39
　3.1.1　RSフリップフロップ　39
　3.1.2　クロック付きRSフリップフロップ　42
　3.1.3　JKフリップフロップ　42
　3.1.4　Dフリップフロップ　52
3.2　レジスタとカウンタ　54
　3.2.1　レジスタ　54
　3.2.2．カウンタ　55
3.3　メモリ　56
演習問題　61

4　モデル計算機

4.1　命令体系　62
4.2　計算機の実行の流れ　64
4.3　アドレス指定方式　65
4.4　プログラミング例　66
演習問題　71

5　計算機のハードウェア設計

5.1　レジスタトランスファ論理　73
　5.1.1　レジスタ間転送マイクロオペレーション　78

5．1．2　算術・論理演算マイクロオペレーション　83

　　　5．1．3　条件分岐　84

　　　5．1．4　命令コード　85

　　　5．1．5　マクロオペレーションとマイクロオペレーション　87

　5．2　レジスタトランスファ論理を用いた計算機の設計　88

　　　5．2．1　命令取り出しサイクル　90

　　　5．2．2　命令実行サイクル　91

　　　5．2．3．制御回路の論理設計　92

　5．3　マイクロプログラム制御方式計算機　95

　　　5．3．1　マイクロプログラム制御方式とその特長　95

　　　5．3．2　マイクロプログラム制御方式計算機の設計　97

　演習問題　101

6　順序回路の設計

　6．1　順序回路の分類　107

　6．2　順序回路と状態遷移図　108

　　　6．2．1　同期式順序回路のモデル　108

　　　6．2．2　状態遷移図と状態遷移表　109

　　　6．2．3　Mealy 形と Moore 形の相互変換　110

　　　6．2．4　状態数の最小化　110

　6．3　状態割当と順序回路の設計　113

　6．4　ＪＫフリップフロップを用いた順序回路の設計　114

　6．5　順序回路と正規表現　117

　演習問題　126

7 演算システムの構成

7.1 数値の表現法　131
7.1.1 符号・絶対値表現　131
7.1.2 1の補数表現　132
7.1.3 2の補数表現　133

7.2 加減算器　135
7.2.1 全加算器　135
7.2.2 並列加減算回路　136
7.2.3 直列加算回路　137

7.3 乗算器　138

7.4 演算システムの設計論　138
7.4.1 カスケード形並列演算回路　139
7.4.2 ルックアヘッド演算回路　146
7.4.3 木構造並列演算回路　149
7.4.4 順序回路形演算回路　151

演習問題　153

参考文献　156
演習問題解答　157
索引　167

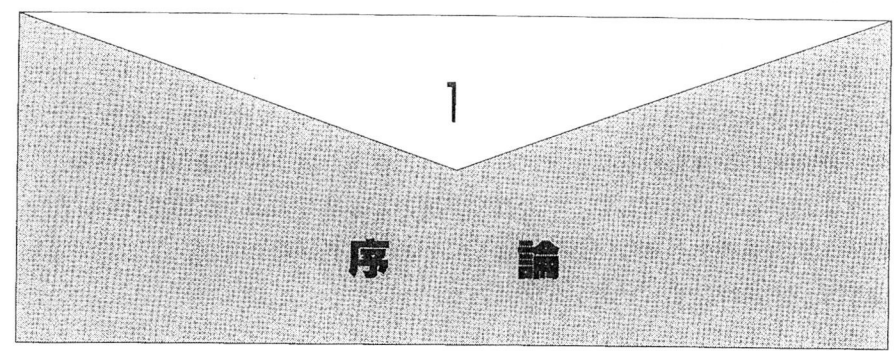

1 序論

1.1 ディジタルとアナログ

　20世紀の最大の発明の1つと言われる計算機（computer）は，現在，日常生活においてもきわめて身近な存在となっている．計算機がどのような原理で動作するかを学ぶときに，必要となる基本概念がディジタルコンピューティングの考え方である．プロセッサ（processor）あるいはCPU（Central Processing Unit）の用語も計算機とほとんど同じ意味で使われるときもあるが，狭義には，メモリ部などを含まない演算処理のみを行う部分を意味する．計算機，プロセッサあるいはCPUの構成方式としては，ディジタルコンピューティング（digital computing）とアナログコンピューティング（analog computing）に大別される．

　本書ではこのうちディジタルコンピューティングを扱うが，ディジタルという言葉はもともと，「指（digit）」を語源にしており，指を用いて1つ，2つなどというように　離散的に数え上げることを意味している．このように，数値情報を数え上げて表現されるデータは，一般にR進数で表示できる．我々の日常生活においては，指が両手で10本あるせいか，$R=10$すなわち10進数になじみが深い．後述するように現在の計算機ハードウェアにおいては，$R=2$すなわち2進数が基本となっている．数値情報のみではなく文字情報などすべてのデータは，離散的なデータ表現，すなわち符号によるデータ表現を定義す

ることができる．このように，数値や文字などの情報を，「有限個（R種類）の記号を何桁か並べた符号」により表わすことをディジタル表現と呼ぶ．数値のディジタル表現では，桁（digit）の数を必要に応じて増大させることにより，原理的に精度を限りなく上げることができるという特長を有している．

ディジタル入力に対して，その符号表現のまま演算および記憶を行い，ディジタル出力を発生させる回路を総称してディジタル回路と呼び，そこでの処理をディジタルコンピューテイングという．

現在，実用的によく用いられている回路は，$R=2$に対応する2値ディジタル回路である．この場合，2種類の記号集合L_2として

$$L_2 = \{0, 1\}$$

を用いることが多い．

一方，アナログとは「連続的物理量の大きさ」でもって直接，数値情報を表現するものである．たとえば，電圧や電流の大きさにより数値情報を連続的に表現し，この表現のまま演算を行い，アナログ出力を発生する計算機は，アナログコンピュータと呼ばれている．当然，素子に依存する精度の限界が存在するが，センサ信号とのインタフェース容易性や配線量減少など，その利点も見逃せないため，センサ信号処理など特定の応用では，その潜在的利点が注目されている．

表1.1は，ディジタル計算機とアナログ計算機の特徴をまとめたものであるが，その特徴は回路技術の時代背景に依存する面もあることに留意する必要がある．

表1.1 ディジタル計算機とアナログ計算機の特徴

	ディジタル計算機	アナログ計算機
演算機能	任意の演算可能	微分・積分演算など
プログラム機能	制約なし	判断機能なし（配線接続の変更によるプログラム）
精度	桁数の増大により制約なし	素子に依存（たとえば0.1％の精度）
速度	高速	特定の専用処理で高速
ハードウェア量	配線量などは問題	配線量は少ない
インタフェース	A/D，D/A変換器必要	増幅回路のみ

1.2 数値情報と文字情報のディジタル表現法

数値情報の符号化として種々のものが存在するが，ここでは正の整数に限定した R 進数表現法についてのみ述べるに留める．負数の表現法については，7章で述べる．

R 進数表現では，各桁のとる R 種類の値は，以下のような集合 L_R の要素である．

$$L_R = \{0, 1, \cdots, R-1\}$$

たとえば，$R=10$ 進数では0から9までの10種類の値を用いて各桁を表現することはなじみ深いであろう．正の整数 X に対する n 桁の R 進数

$$(x_{n-1}x_{n-2}\cdots x_1 x_0)_R$$

は，x_{n-1} を最上位桁（MSD：Most Significant Digit），x_0 を最下位桁（LSD：Least Significant Digit）として以下のように表せる．

$$X = x_{n-1}R^{n-1} + x_{n-2}R^{n-2} + \cdots + x_1 R + x_0$$

ただし，$x_i \in L_R$ ($i=0, 1, \cdots, n-1$) である．

特に，2進数の場合は，各桁は0と1の値のみをとるため，各桁をビット（bit：binary digit），最上位桁を MSB（Most Significant Bit），最下位桁を LSB（Least Significant Bit）と呼ぶ．現在の計算機ハードウェアでは，2進数がほとんど採用されているため，4ビットを1桁で表現することにより記述しやすくした16進表記法もマイクロプロセッサのデータ表現などにしばしば用いられる．16進表記法では，16種類の記号を1桁で表せるように，0～9に加えて，さらに6種類のA～Fからなる記号を導入している．この関係を表1.2に示す．

1. 序論

表1.2 16進表記法

10進数	2進数	16進数
0	0 0 0 0	0
1	0 0 0 1	1
2	0 0 1 0	2
3	0 0 1 1	3
4	0 1 0 0	4
5	0 1 0 1	5
6	0 1 1 0	6
7	0 1 1 1	7
8	1 0 0 0	8
9	1 0 0 1	9
10	1 0 1 0	A
11	1 0 1 1	B
12	1 1 0 0	C
13	1 1 0 1	D
14	1 1 1 0	E
15	1 1 1 1	F

ある数値 X を2進数に展開する手順は，以下のように与えられる．

(**ステップ1**)　$X \geqq 2^i$ となる最も大きい i を選び，$x_i=1$ とする．

(**ステップ2**)　$X=X-2^i$ とする．$X=0$ ならば，$x_i=1$ となったビット以外はすべて0として終了．$X \neq 0$ ならば，ステップ1へ戻る．

例．$X=(100)_{10}$ を2進数で表現する．

(**ステップ1**)　$100 \geqq 2^6$ であるので，$x_6=1$ とする．

(**ステップ2**)　$X=100-64=36$ とする．

(**ステップ1**)　$36 \geqq 2^5$ であるので，$x_5=1$ とする．

(**ステップ2**)　$X=36-32=4$

(**ステップ1**)　$4 \geqq 2^2$ であるので，$x_2=1$ とする．

(**ステップ2**)　$X=4-4=0$ となり，$(1100100)_2$

　　　　が求める2進数表現となる．□（例終り）

次に，文字情報の表記法の一例について述べる．これは符号表現をあらかじめ定義する必要がある．アルファベット文字などに対しては，表1.3のように

7ビット表現によるASCII（アスキーと呼ぶ）（American Standard Code for Information Interchange）コードを基本にした表現がよく使用されている．

表1.3　ASCIIコード表

$b_3 b_2 b_1 b_0$ \ $b_6 b_5 b_4$	000	001	010	011	100	101	110	111
0 0 0 0	NUL	DLE	SP	0	@	P	`	p
0 0 0 1	SOH		!	1	A	Q	a	q
0 0 1 0	STX		"	2	B	R	b	r
0 0 1 1	ETX		#	3	C	S	c	s
0 1 0 0	EOT		$	4	D	T	d	t
0 1 0 1	ENQ	NAK	%	5	E	U	e	u
0 1 1 0	ACK	SYN	&	6	F	V	f	v
0 1 1 1	BEL	ETB	'	7	G	W	g	w
1 0 0 0	BS	CAN	(	8	H	X	h	x
1 0 0 1	HT	EM	)	9	I	Y	i	y
1 0 1 0	LF	SUB	*	:	J	Z	j	z
1 0 1 1	VT	ESC	+	;	K	[	k	{
1 1 0 0	FF	FS	,	<	L	¥	l	|
1 1 0 1	CR	GS	-	=	M	]	m	}
1 1 1 0	SO	RS	.	>	N	⌃	n	‾
1 1 1 1	SI	US	/	?	O	-	o	DEL

機能キャラクタ

1.3　ディジタル計算機および集積回路の歴史的背景

ディジタル計算機の発展の歴史をみることにより，その技術変遷の様子を垣間見ることができる．次頁に，計算機の発展に貢献した発明，提案あるいは開発など主要なトピックを示す．

1642年	パスカル（仏）	機械式加算機考案
1694年	ライプニッツ（英）	機械式乗除算機考案
1854年	ブール（英）	論理回路の基礎理論（ブール代数）提唱
19世紀後半	バベッジ（英）	プログラムによる機械式汎用計算機の考案（解析機関：analytical engine）
1937年	チューリング（英）	チューリングマシンによる計算モデルの提案
1937年	シャノン（米）	ブール代数を用いたスイッチング回路への応用
1942年	アタナソフ（米）	世界初の真空管式計算機の考案
1944年	エイケン（米）	プログラムによる最初のリレー式自動計算機 MARKI の開発（ハーバード大）
1945年	ノイマン（米）	プログラム内蔵方式計算機の提案*
1946年	エッカート モークリ（米）	真空管を用いた電子計算機 ENIAC の開発（ペンシルバニア大）** （ただし，プログラム配線方式） 図1.1参照
1947年	ショックレー バーディーン ブラッテン（米）	点接触形トランジスタの発明（ベル研）
1949年	ウィルクス（英）	最初のプログラム内蔵方式電子計算機 EDSAC の開発
1950年	ショックレー（米）	接合形トランジスタの発明
1951年	ウィルクス（英）	マイクロプログラミング方式の提案
1952年	電気試験所（日）	日本最初のリレー式自動計算機 ETL マーク I の開発
1957年	バッカス（米）	高水準言語 FORTRAN の開発
1958年	キルビー（米）	世界初の数素子オンチップ発振回路の試作（テキサス・インスツルメント）図1.2参照
1958年	ノイス（米）	集積回路の基本技術（プレーナ技術）完成（フェアチャイルド）
1958年	ストレーチ（英）	TSS の提唱

1.3 ディジタル計算機および集積回路の歴史的背景

	マッカシー(米)	同上(ただし,独立に提唱)
1960年	カーン(米)	MOSトランジスタ構造の提案
1963年	サー(米)	CMOSの提案
1964年	IBM(米)	OSを導入した計算機IBM/360の商品化
1969年	インテル(米)	MOSダイナミックメモリの開発
1971年	インテル(米)	世界初の4ビットマイクロプロセッサ4004開発 図1.3参照

* これ以前に,英国の戦時研究の一環として,チューリングらによりプログラム内蔵方式計算機の提案と設計が行われていたとの記録もある.

** 世界初の電子計算機と言われていたが,1942年のアタナソフ考案のアイディアに基づいた開発であることが確認されている.

図 1.1 世界初の実用に供された電子計算機と言われる ENIAC は,真空管18,000本を用いており,消費電力は140kWであった.その主な利用は弾道計算であった.(日本ユニシス㈱提供)

1. 序　　論

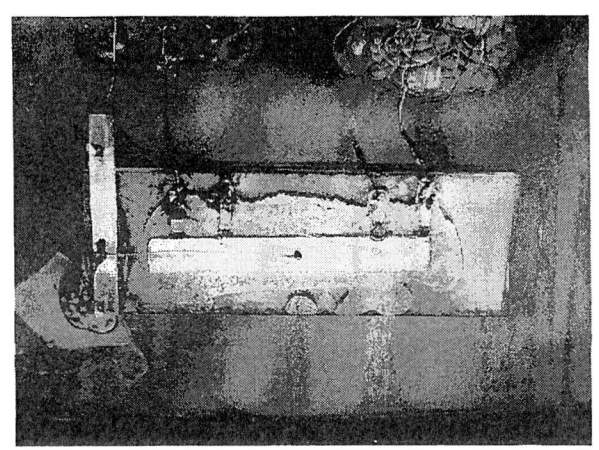

図 1.2　テキサスインスツルメントで開発された最初の集積回路は発振回路であった．集積回路の発明は，計算機の飛躍的な発展に貢献した．（日本テキサスインスツルメンツ㈱提供）

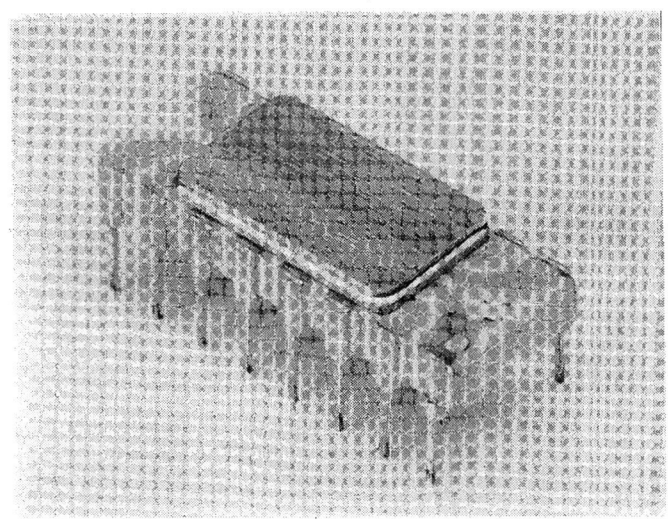

図 1.3　日本製電卓用に設計されたカスタム LSI が，インテルで開発された世界初の 4 ビットマイクロプロセッサ4004であった．これ以降，マイクロプロセッサは無数の工業製品に利用されるに至っている．（インテル㈱提供）

現在の計算機は超大規模集積回路（VLSI）により実現される．このため，集積回路技術と計算機の進展には密接な関連がある．特に，マイクロプロセッサの出現以来，集積回路技術の進展は，計算機の性能向上の重要な原動力となっている．現在までに実用化されている計算機の多くは，以下のような特徴を有している．

- エレクトロニクス方式
- 2値符号化方式
- プログラム内蔵方式
- 高水準言語によるプログラミング

今後の計算機の展開として，一般に望まれる主要な事項を以下に示す．

- ネットワーク化とマルチメディア化
- 大容量記憶に基づくデータベース化
- パターン認識や音声認識などの高度な非数値応用処理

上述までの計算機は，汎用性を指向したものであった．このような計算機を汎用計算機（general-purpose computer）と言う．これに対し，ある特定の処理応用を指向する計算機を専用計算機（special-purpose computer）と言う．これは，特定の応用にしか利用できないが，性能では格段に優れるものである．たとえば，画像圧縮標準規格の1つであるMPEG（Motion Picture Expert Group）用プロセッサは，専用計算機に相当する．それらのうち，図1.4は我が国で開発されたVLSIプロセッサチップの開発例である．

将来は，専用計算機も益々，我々の身近な生活の中で利用されることが望まれる．図1.5は，そのような応用例を示したものである．

1.4 ハードウェアとソフトウェア

計算機を動作させるためには，車の両輪のようにハードウェアとソフトウェアの両者が必要不可欠である．計算機システムの物理的な存在としての構成要素であるディジタル回路や装置などを総称したものをハードウェア（hard-

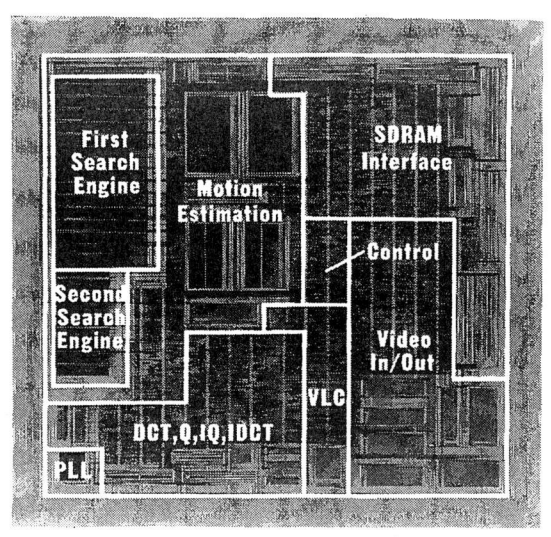

図 1.4 1チップリアルタイム MPEG 2 MP@ML ビデオ符号化 LSI. 0.35μmCMOS 3層メタルテクノロジーに基づき,310万トランジスタを1チップに搭載した高性能画像圧縮プロセッサチップである.性能は最大出力ビットレートで15Mbps(1秒当り1千5百万ビットのレート)である.(日本電気㈱提供)

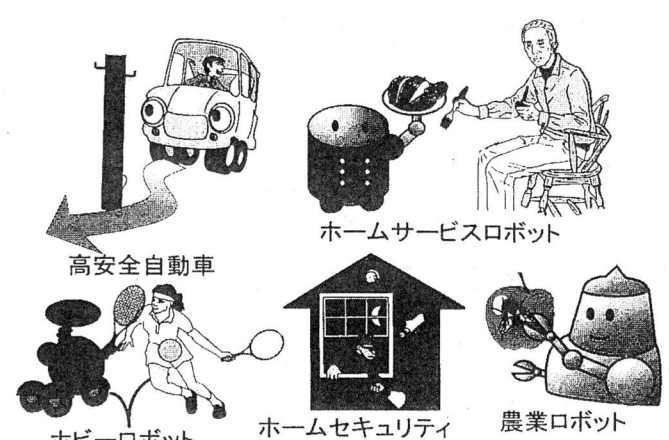

図 1.5 将来の計算機応用の一側面(専用計算機による応用は,情報通信のみではなく,人間の安全性を確保するための安全システム,生活支援ロボット,スポーツロボット,農業応用なども望まれる.)

1.4 ハードウェアとソフトウェア

ware）と呼んでいる．一方，計算機システムの種々のレベルのプログラムを総称したものをソフトウェア（software）と呼ぶ．

また，ハードウェアとソフトウェアの中間的な位置付けにある概念としてファームウェア（firmware）という用語もある．これは，「マイクロプログラムによるソフトウェア」あるいは「マイクロプログラムによる制御信号の発生」などのような表現からもその意味が理解される．すなわち，最も下位レベルのソフトウェアを活用することにより，タイミングレベルの故障診断を行うマイクロ診断プログラムなど，きめ細かいソフトウェアとも解釈できる．さらに，複雑なランダム論理回路による制御回路を設計する代わりに，マイクロプログラム制御は，ROMによる制御記憶により，柔軟性，設計容易性，拡張性に優れるハードウェア構成を可能にしている．

本書はこれらのうち，主にハードウェアシステムについて解説することが目的であるが，ソフトウェアについても基礎的知識がある程度必要であるので，最小限のことを以下に述べる．現在の計算機のほとんどは，あらかじめプログラムをメモリに記憶しておき，制御フローに従ってプログラム中の命令を読み出し，デコーダにより解読し，さらに制御信号を発生し，実行していくという方式をとっている．これは，ノイマンが提案したプログラム内蔵方式（stored program）であり，これに基づく計算機をノイマン形計算機と呼ぶ．

計算機はユーザの立場から見れば，プログラムをできるだけ容易に記述できる言語が望まれる．また，リアルタイム処理などの応用などにおいては，実行速度が速いとともに，実行プログラムのサイズが小さいことが望まれる．プログラムの開発容易性の観点から，よく使用される言語は，PASCAL，C，FORTRANなどの上位レベルの問題向き言語，すなわち高水準言語である．一方，計算機を実行させるためには，2値符号による機械語（machine language）プログラムが用意されなければならない．この機械語を高水準言語から自動的に生成することを翻訳と言い，そのためのプログラムがコンパイラ（complier）やインタプリタ（interpreter）である．また，人間が直接，機械語レベルのプログラミングをすることができれば，実行速度や実行ステップ数

をある程度最適化できる．しかしながら，2値符号による機械語のプログラミングは記述しにくく，煩わしいという欠点がある．この問題を解決するため，2値符号を理解しやすい記号に置き換えて，記述しやすくしたアセンブリ言語 (assembly language)（アセンブラ言語 (assembler language) とも言う）がよく使用されている．

以上のようにして，各レベルで種々の言語が活用されているが，これらの関係をまとめたものを図1.6に示す．コンパイラは高水準言語を機械語に一括し

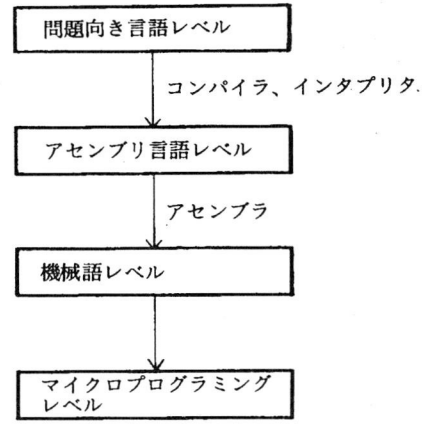

図 1.6　ソフトウェアにおける階層構造

て翻訳し，その後は連続して実行できるようにしたものである．インタプリタでは BASIC 言語などに適用されている方式であり，1つのステートメント毎に翻訳と実行が行われる．これは，あたかも逐次通訳のような方法に相当するため，インタプリタと名付けられている．また，アセンブラはアセンブリ言語を機械語に一括して翻訳するプログラムである．

計算機の利用を効率よく管理することも重要である．このためのソフトウェアはオペレーティングシステム（Operating System：OS）と呼ばれている．すなわち，OS は計算機システムのハードウェアやソフトウェアを運用・管理するプログラム群である．

演 習 問 題

1. n ビットの2進数で表せる整数の範囲はどのようになるか．
2. 以下の10進数を2進数8ビットに変換せよ．小数の表現では，整数部と小数部をそれぞれ4ビットとせよ．
    (1) 231   (2) 175   (3) 8.43   (4) 12.5325
3. 以下の16進数を2進数8ビットに変換せよ．
    (1) AF   (2) 36   (3) B2   (4) 2C
4. ASCII文字コードで，各自の姓名を記述せよ．
5. プログラム内蔵方式でない計算機は，どのような原理で動作するか．
6. マイクロプロセッサの出現はどのような意義があるかを述べよ．

2 ブール代数と組合せ回路

組合せ回路 (combinational circuit) は，現在の入力によって出力が決定される．本章は，ブール代数に基づいた組合せ回路の構成理論について述べることにする．

2.1 公理と基本演算

ディジタル回路においては，ブール代数 (Boolean algebra) が基礎となっている．ブール代数は公理によって定義されるが，この公理を出発点にすれば，ブール代数の定理や諸性質がすべて導かれる．

Huntington の公理は，以下の (1)〜(6) の互いに独立した項目から成りたっている．

Huntington の公理

ブール代数において，ある要素の集合をBとする．

(1) 2項演算＋，・に関して閉じている．
　　$x, y \in B$ ならば，$x+y, \ x \cdot y \in B$
(2) $x+0=x$ となる要素 0 が存在する．
　　$x \cdot 1=x$ となる要素 1 が存在する．
(3) 交換律　$x+y=y+x, \ x \cdot y=y \cdot x$
(4) 分配律　$x \cdot (y+z)=(x \cdot y)+(x \cdot z)$
　　　　　　$x+(y \cdot z)=(x+y) \cdot (x+z)$

2.1 公理と基本演算

(5) 相補律 $x+\bar{x}=1$, $x \cdot \bar{x}=0$ となる $\bar{x} \in B$ が存在する．
(6) $x \neq y$ となる $x, y \in B$ が少なくとも1組存在する．

今，B が最小個数の要素からなるブール代数を考える．(2) より B には，少なくとも0と1の要素が含まれる必要があることがわかる．仮に，$B=\{0,1\}$ とすれば，(2) で定義可能な演算は以下のようになる．

$$0+0=0$$
$$1+0=1$$
$$0 \cdot 1=0$$
$$1 \cdot 1=1 \tag{2.1}$$

また，(3) の交換律より式 (2.2) が導ける．

$$0+1=1$$
$$1 \cdot 0=0 \tag{2.2}$$

さらに，
$$\begin{aligned}
1+1 &= (1+1) \cdot 1 & ((2) \text{より}) \\
&= (1+1) \cdot (1+\bar{1}) & ((5) \text{より}) \\
&= 1+(1 \cdot \bar{1}) & ((4) \text{より}) \\
&= 1+0 & ((5) \text{より}) \\
&= 1 & ((2.1) \text{より})
\end{aligned} \tag{2.3}$$

$$\begin{aligned}
0 \cdot 0 &= 0 \cdot 0+0 & ((2) \text{より}) \\
&= 0 \cdot 0+0 \cdot \bar{0} & ((5) \text{より}) \\
&= 0 \cdot (0+\bar{0}) & ((4) \text{より}) \\
&= 0 \cdot 1 & ((5) \text{より}) \\
&= 0 & ((2.1) \text{より})
\end{aligned} \tag{2.4}$$

式 (2.1)〜(2.4) より ＋ と ・ の演算が表2.1のように定義されることになる．また，演算 ‾ は (5) の相補律より式 (2.5) のようになることは自明である．

$$\bar{0}=1$$
$$\bar{1}=0 \tag{2.5}$$

ディジタル回路では，演算 ＋ は OR，演算 ・ は AND，演算 ‾ は NOT と呼ばれる．

表2.1 +, ・, ¯ の演算

OR			AND			NOT	
x, y		$x+y$	x, y		$x \cdot y$	x	$\bar{x}$
0	0	0	0	0	0	0	1
0	1	1	0	1	0		
1	0	1	1	0	0	1	0
1	1	1	1	1	1		

一般に,ブール代数では要素数は2個に限らず4個,8個などのように2のべき乗の要素数からなるものも存在するが,ディジタル回路では最小要素数,すなわち2値のブール代数が用いられている.これは,すべての2値論理関数を AND, OR, NOT を用いて実現できることと,2値ディジタル回路の実現容易性とを反映したものである.このように,ある基本論理関数のみを組み合わせて任意の論理関数を実現できることを完全性(completness)といい,その基本論理関数のことを基本演算子(basic operator),さらにその基本演算子の機能を実現した回路をゲート(gate)と呼ぶ.$B=\{0,1\}$の2つの要素からなるブール代数は,ディジタル回路への応用を前提とするとき,(2値)スイッチング代数とも呼ばれている.

公理としては,Huntington の公理以外にも,以下のような公理もあることがよく知られている.この公理の各項目(1)〜(10)は互いに独立ではなく,冗長となっている.(1)〜(4)が成り立つ代数を束,(1)〜(5)が成り立つ代数を分配束,(1)〜(7)が成り立つ代数をド・モルガン束,(1)〜(9)が成り立つ代数をド・モルガン代数と定義できるなど,種々の代数系との相互関係を把握する上で有用である.

ブール代数の公理

(1) べき等律　　　$x+x=x$
　　　　　　　　　$x \cdot x=x$
(2) 交換律　　　　$x+y=y+x$
　　　　　　　　　$x \cdot y=y \cdot x$

(3)	結合律	$x+(y+z)=(x+y)+z$
		$x\cdot(y\cdot z)=(x\cdot y)\cdot z$
(4)	吸収律	$x+(x\cdot y)=x$
		$x\cdot(x+y)=x$
(5)	分配律	$x\cdot(y+z)=(x\cdot y)+(x\cdot z)$
		$x+(y\cdot z)=(x+y)\cdot(x+z)$
(6)	二重否定	$\overline{(\overline{x})}=x$
(7)	ド・モルガン律	$\overline{x+y}=\overline{x}\cdot\overline{y}$
		$\overline{x\cdot y}=\overline{x}+\overline{y}$
(8)	単位元	$x+1=1$
		$x\cdot 1=x$
(9)	零元	$x+0=x$
		$x\cdot 0=0$
(10)	相補律	$x+\overline{x}=1$
		$x\cdot\overline{x}=0$

2.2 論理関数

論理関数の仕様の直接的表現法として，真理値表 (truth table) がある．これは，入力値と出力値の関係を表にしたものであり，組合せ表とも呼ばれることがある．表2.2は，2変数関数の真理値表の一例を示している．

表2.2 真理値表による2変数論理関数の表現

x_1, x_2	$f(x_1, x_2)$
0　0	0
0　1	1
1　0	0
1　1	1

2変数 x_1, x_2 がとり得る値の組合せは，00，01，10，11の4通りであり，これらの組合せに対する出力値を f の欄に記入している．2値の n 変数入力のとり得る値の組合せ数は 2^n 通りあるが，2進数の0から 2^n-1 までの順に並べて真理値表を作成できる．また，行と列に入力変数を適当に分割して，真理値表を作ることもよく行われる．

n 変数入力をもつ論理関数は，n 変数論理関数と呼ばれる．今，入力変数の n 次元ベクトルを式（2.6）のように定義する．

$$X = (x_1, x_2, \cdots, x_n) \tag{2.6}$$

各入力変数 x_i は，0か1の2値をとるので，入力に0か1の定数を与えた組合せ数は，2^n 通りある．また，2^n 通りの入力組合せのそれぞれに対して，n 変数論理関数 $f(X)$ の出力値も同様に，0か1の2通りの出力が存在する．したがって，異なる n 変数論理関数の総数 N は，式（2.7）で与えられる．

$$N = 2^{2^n} \tag{2.7}$$

たとえば，$n=2$ では $N=16$ 個の論理関数が存在することになる．べき乗の指数もべき乗であるため，入力変数の数が増加すると論理関数の総数はきわめて大きくなる．

2.3 ブール代数の性質

表2.2の真理値表で与えられる論理関数の表現を考える．最初に，出力が1となる入力の組合せに着目してみる．すなわち，以下の入力値の組合せのとき，出力は1となる．

$$(x_1, x_2) = (0, 1)$$
$$(x_1, x_2) = (1, 1)$$

$(x_1, x_2) = (0, 1)$ の組合せのとき，出力が1となる項は

$$\overline{x_1} \cdot x_2$$

となる．同様に，$(x_1, x_2) = (1, 1)$ の組合せのとき，出力が1となる項は

$$x_1 \cdot x_2$$

2.3 ブール代数の性質

と表現できる．ここにおいては，入力変数あるいは入力変数に NOT を施したものは，リテラル（literal）と言われる．いくつかのリテラルを AND で結合した項により，ある特定の入力値の組合せを検出していることになる．AND 演算では，その入力がすべて 1 となったときに，1 となるという原理に基づきリテラルの組合せを作ればよい．このような項は，積項と呼ばれている．特に，すべての入力変数のリテラルが含まれている積項は，最小項（minterm）と呼ばれる．これらの最小項を OR で結合すれば，求める関数 $f(x_1,x_2)$ は

$$f(x_1,x_2) = \overline{x_1} \cdot x_2 + x_1 \cdot x_2$$

と表現できる．このように最小項のみを用いて OR で結合された論理関数表現は，最小項展開と呼ばれる．

次に，出力が 0 となる入力の組合せに着目してみる．すなわち，以下の入力値の組合せのとき，出力は 0 となる．

$(x_1, x_2) = (0,0)$

$(x_1, x_2) = (1,0)$

$(x_1, x_2) = (0,0)$ の組合せのとき，出力が 0 となる項は

$x_1 + x_2$

となる．同様に，$(x_1, x_2) = (1,0)$ の組合せのとき，出力が 0 となる項は

$\overline{x_1} + x_2$

と表現できる．いくつかのリテラルを OR で結合した項により，ある特定の入力値の組合せを検出していることになる．OR 演算では，その入力がすべて 0 となったときに，0 となるという原理に基づき，リテラルの組合せを作ればよい．このような項は，和項と呼ばれている．特に，すべての入力変数のリテラルが含まれている和項は，最大項（maxterm）と呼ばれる．これらの最大項を AND で結合すれば，求める関数 $f(x_1,x_2)$ は

$$f(x_1,x_2) = (x_1 + x_2) \cdot (\overline{x_1} + x_2)$$

と表現できる．このように最大項のみを用いて AND で結合された論理関数表現は，最大項展開と呼ばれる．

簡単化を考慮しなければ，任意の論理関数は，上記の 2 通りの展開法のいず

れかにより表現できることになる．以下では，さらに論理式の変形や簡単化などに有用となる2値ブール代数の性質を述べることにする．

先に，ド・モルガン律を含む公理系を示した．これを一般化すると，以下のようなド・モルガンの定理が成立する．

[**一般化されたド・モルガンの定理**]　AND，OR，NOT によって表される論理関数を一般的に
$$f(1, 0, x_1, \overline{x_1}, \cdots, x_n, \overline{x_n}, \cdot, +)$$
と表わすことにする．関数 f に NOT を施したものは，
$$\overline{f(1, 0, x_1, \overline{x_1}, \cdots, x_n, \overline{x_n}, \cdot, +)}$$
$$= f(0, 1, \overline{x_1}, x_1, \cdots, \overline{x_n}, x_n, +, \cdot) \qquad (2.8)$$
という関係が成り立つ．

(**証明**)　関数 f は，論理和形 $f = f_1 + f_2$ あるいは論理積形 $f_1 \cdot f_2$ で表される．これにド・モルガン律を適用すれば，それぞれ
$$\overline{f} = \overline{f_1} \cdot \overline{f_2} \quad \text{あるいは} \quad \overline{f} = \overline{f_1} + \overline{f_2}$$
となる．f_1 および f_2 に対しても同様に，論理和形あるいは論理積形で表現されているので，逐次上記関係を適用していくことができるので，上記の一般化されたド・モルガンの定理が成り立つことは明らかである．■（証明終り）

一般化されたド・モルガンの定理の意味するところは，論理式の中のすべての定数 $(0,1)$，すべてのリテラル，演算記号 $(\cdot, +)$ を，相対応する逆のものに置き換えれば，関数全体に NOT を施した式（否定形）が得られることを示している．

例．$f = x \cdot (y + z)$ の否定形を求める．$x \to \overline{x}, y \to \overline{y}, z \to \overline{z}, \cdot \to +, + \to \cdot$ の置換えにより
$$\overline{f} = \overline{x} + (\overline{y} \cdot \overline{z})$$
が得られる．□（例終り）

[**双対定理**]　論理恒等式あるいは定理において，$+, \cdot, 1, 0$ を，それぞれ $\cdot, +, 0, 1$ に置き換えると，別の恒等式あるいは定理を得ることができる．

(**証明**)　今，以下のように論理恒等式が成立しているものとする．

$$f(1,\ 0,\ x_1,\ \overline{x_1},\ \cdots,\ x_n,\ \overline{x_n},\ \cdot,\ +)$$
$$=g(1,\ 0,\ x_1,\ \overline{x_1},\ \cdots,\ x_n,\ \overline{x_n},\ \cdot,\ +)$$

したがって，$\overline{f}=\overline{g}$ が成り立つことから一般化されたド・モルガンの定理を適用すると

$$f(0,\ 1,\ \overline{x_1},\ x_1,\ \cdots,\ \overline{x_n},\ x_n,\ +,\ \cdot)$$
$$=g(0,\ 1,\ \overline{x_1},\ x_1,\ \cdots,\ \overline{x_n},\ x_n,\ +,\ \cdot)$$

ここで，各変数 x_i に対して，$x_i \to \overline{x_i}$ の変数変換を行うと

$$f(0,\ 1,\ x_1,\ \overline{x_1},\ \cdots,\ x_n,\ \overline{x_n},\ +,\ \cdot)$$
$$=g(0,\ 1,\ x_1,\ \overline{x_1},\ \cdots,\ x_n,\ \overline{x_n},\ +,\ \cdot)$$

となり，定理が成り立つことがわかる．∎

双対定理では，リテラルはそのままで，論理式の中のすべての定数 $(0,1)$，演算記号（・，+）を，相対応する逆のものに置き換えることになる．

例． $x \cdot (y+z)=(x \cdot y)+(x \cdot z)$ は，分配法則と呼ばれる恒等式である．双対定理を適用すると，・，+の置き換えにより

$$x+(y \cdot z)=(x+y) \cdot (x+z)$$

という双対な恒等式が得られる．□

双対定理は，対称性に着目して論理関数を系統的に扱う上できわめて有用である．先に述べた最小項展開と最大項展開も双対な関係を示しているが，このような展開法に関して一般的議論を以下に述べる．

[**定義**] x あるいは $\overline{x}$ を変数 x のリテラル (literal) と定義する．したがって，各変数は2つのリテラルを有している．

[**定義**] 各変数のリテラルを高々1つしか含まない論理積を積項 (product term) という．積項の論理和を論理和形 (disjunctive form) あるいは積和形 (sum of products) という．

[**定義**] 各変数のリテラルを高々1つしか含まない論理和を和項 (alterm) という．和項の論理積を論理積形 (conjunctive form)，あるいは和積形 (product of sums) という．

[**定義**] n 変数関数 $f(x_1, x_2, \cdots, x_n)$ に関して

2. ブール代数と組合せ回路

（i）最小項（minterm）とは，n 個の入力変数のリテラルからなる積項である．

n 変数関数が最小項の積和形で表現されているとき，標準積和形（加法標準形）（canonical disjunctive form）あるいは最小項展開という．

（ii）最大項（maxterm）とは，n 個の入力変数のリテラルからなる和項である．

n 変数関数が最大項の和積形で表現されているとき，標準和積形（乗法標準形）（canonical conjunctive form），あるいは最大項展開という．

[展開定理] $x_i^{c_i}$ は $c_i=1$ のとき x_i を，$c_i=0$ のとき $\overline{x_i}$ を表すものとする．

（i）任意の論理関数 $f(X)=f(x_1,\cdots,x_n)$ は，次のような最小項展開で表現することができる．

$$f(X)=\bigvee f(c_1,c_2,\cdots,c_n)\, x_1^{c_1}x_2^{c_2}\cdots x_n^{c_n} \qquad (2.9)$$

ここで $\bigvee$ は，すべての定数入力ベクトル（各変数に定数を与えたベクトル）についての論理和を示している．

（ii）任意の論理関数 $f(X)$ は，次のように最大項展開で表現することができる．

$$f(X)=\bigwedge \{f(\overline{c_1},\overline{c_2},\cdots,\overline{c_n})+x_1^{c_1}+x_2^{c_2}+\cdots+x_n^{c_n}\}$$

ここで，$\bigwedge$ はすべての定数入力ベクトルについての論理積を示す．

例． 以下の真理値表で与えられる関数 $f(X)$ の展開を考える．

x_1	x_2	x_3	$f(X)$
0	0	0	0
0	0	1	0
0	1	0	0
0	1	1	1
1	0	0	0
1	0	1	1
1	1	0	1
1	1	1	1

最小項展開

$f(X)=\overline{x_1}\,x_2\,x_3+x_1\,\overline{x_2}\,x_3+x_1\,x_2\,\overline{x_3}+x_1\,x_2\,x_3$

最大項展開

$f(X)=(x_1+x_2+x_3)\cdot$
$\quad(x_1+x_2+\overline{x_3})\cdot$
$\quad(x_1+\overline{x_2}+x_3)\cdot$
$\quad(\overline{x_1}+x_2+x_3)$ □

2.4 簡 単 化

論理関数をより簡単に表現できれば，実現されるディジタル回路の小型化，消費電力低減化，さらにファンイン（fan-in），ファンアウト（fan-out），配線数の減少による伝播遅延時間の短縮などの点で，有利となる．ここで，ファンインとは1個のゲートの入力数を，またファンアウトとは，1個のゲート出力の分岐数を意味している．

このため，論理関数をできるだけ簡単に表現する方法を述べる．以下では，リテラル数，積項数ができるだけ少ない積和形を求める問題を最初に扱うことにするが，双対な展開法，すなわち和積形においても同様なことが成り立つことは，双対定理から明らかである．

簡単化の基本原理は，ある変数 x，ある論理式 P で表現される項に対して

$$Px + P\overline{x} = P \tag{2.10}$$

を逐次利用することに要約できる．

2.4.1. カルノー図

1ビットだけが異なる2つの入力ベクトル符号は，隣接していると言われる．このような隣接した2つの入力ベクトルに対する積項は

$$P_1 = x_i(x_1{}^{c_1}x_2{}^{c_2}\cdots x_n{}^{c_n})$$
$$P_2 = \overline{x_i}(x_1{}^{c_1}x_2{}^{c_2}\cdots x_n{}^{c_n})$$

となる．したがって，

$$P_1 + P_2 = x_1{}^{c_1}x_2{}^{c_2}\cdots x_n{}^{c_n} \tag{2.11}$$

と簡単化されることになる．

入力の組合せを隣接する順番に並べて，真理値表を作成したものがカルノー図（Karnaugh map）であり，関数出力値の1を含むセルを1セル，0を含むセルを0セルと呼ぶ．4変数関数を例にとり，カルノー図で簡単化される代表的なセルの組合せを以下に示す．ただし，ここでは出力の論理値は1に着目

するので，0セルの記述は省略することにする．

	$x_1\ x_2$			
$x_3\ x_4$	0 0	0 1	1 1	1 0
0 0	1	1		
0 1				
1 1				
1 0				

(a) $\overline{x_1}\,\overline{x_3}\,\overline{x_4}$

	$x_1\ x_2$			
$x_3\ x_4$	0 0	0 1	1 1	1 0
0 0	1			
0 1	1			
1 1				
1 0				

(b) $\overline{x_1}\,\overline{x_2}\,\overline{x_3}$

	$x_1\ x_2$			
$x_3\ x_4$	0 0	0 1	1 1	1 0
0 0	1			1
0 1				
1 1				
1 0				

(c) $\overline{x_2}\,\overline{x_3}\,\overline{x_4}$

	$x_1\ x_2$			
$x_3\ x_4$	0 0	0 1	1 1	1 0
0 0			1	
0 1				
1 1				
1 0			1	

(d) $x_1\,x_2\,\overline{x_4}$

	$x_1\ x_2$			
$x_3\ x_4$	0 0	0 1	1 1	1 0
0 0	1	1	1	1
0 1				
1 1				
1 0				

(e) $\overline{x_3}\,\overline{x_4}$

	$x_1\ x_2$			
$x_3\ x_4$	0 0	0 1	1 1	1 0
0 0			1	
0 1			1	
1 1			1	
1 0			1	

(f) $x_1\,x_2$

	$x_1\,x_2$			
$x_3\,x_4$	0 0	0 1	1 1	1 0
0 0	1			1
0 1	1			1
1 1				
1 0				

(g) $\overline{x_2}\,\overline{x_3}$

	$x_1\,x_2$			
$x_3\,x_4$	0 0	0 1	1 1	1 0
0 0	1			1
0 1				
1 1				
1 0	1			1

(h) $\overline{x_2}\,\overline{x_4}$

	$x_1\,x_2$			
$x_3\,x_4$	0 0	0 1	1 1	1 0
0 0				
0 1	1	1	1	1
1 1	1	1	1	1
1 0				

(i) x_4

	$x_1\,x_2$			
$x_3\,x_4$	0 0	0 1	1 1	1 0
0 0	1			1
0 1	1			1
1 1	1			1
1 0	1			1

(j) $\overline{x_2}$

2.4.2 論理和形の簡単化

いくつかの1セルが1つの積項に圧縮される例を示したが，このような圧縮された積項を用いて，論理関数の簡単化を行うことができる．論理関数を論理和形で表現するのに，最も積項数が最小となる組合せを選ぶことを最小化（minimization）と呼ぶことにする．以下にカルノー図を用いた最小化の手順を示す．

(**ステップ1**)　すべての1セルを長方形（正方形，隅同志）で囲む．ただし，各長方形は $2^i (i=0,1,\cdots)$ 個のセルを含むループであり，i はできるだけ大きく選ぶ．このようにして得られたものを，主項ループと言う．また，主項ループに対応する積項を主項（prime implicant）と言う．すなわち，主項ループはより大きいもので囲まれることはない最外郭の一番大きいループである．

(**ステップ2**)　すべての1セルをいくつかの主項ループの組で被覆する．その組から1つでも主項ループを取り除くと，1セルのいずれかが被覆されなくなるような非冗長な組合せを選ぶ．このような組は一般的に複数個あり，それぞれに対して内部に含まれる主項の論理和をとることにより，非冗長論理和形を作成できる．

[**定義**]　ある1セルが唯一の主項ループにのみ被覆されるとき，これを必須主項（essential prime implicant）ループという．

非冗長論理和形においては，必須主項は常に利用しなければならない．

(**ステップ3**)　非冗長論理和形の中から，主項の個数が最小である組合せを選ぶ．このようなものが複数個あるときは，それらの中でできるだけ大きいループ（iが大きい）を数多く含む組合せを選ぶ．このようにして得られたものが，最小論理和形であり，積項数およびリテラル数の総和が最小となる．

例． 以下のカルノー図で与えられる4変数関数 $f(X)$ の簡単化を考える．

	$x_1 x_2$			
	0 0	0 1	1 1	1 0
0 0			1	
0 1			1	1
$x_3 x_4$ 1 1			1	
1 0	1	1	1	1

(**ステップ1**)　主項ループをカルノー図に書く．

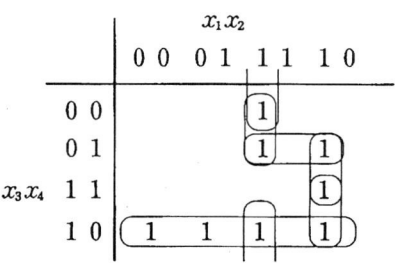

2.4 簡単化

したがって，主項は以下のようになる．

$x_1 x_2 \overline{x_3}$

$x_1 \overline{x_2} x_3$

$x_1 \overline{x_3} x_4$

$x_1 \overline{x_2} x_4$

$x_1 x_2 \overline{x_4}$

$x_3 \overline{x_4}$

このうち，必須主項は $x_3 \overline{x_4}$ となる．

(**ステップ 2**) 必須主項ループは常に組合せに利用するものとし，これ以外の主項の組合せにより，1 セルをすべて被覆する非冗長な組合せを列挙する．これらの組合せは以下のようになるが，どの 1 つの主項ループを除いても 1 セルが被覆されなくなるような組合せを形成することに注意する必要がある．

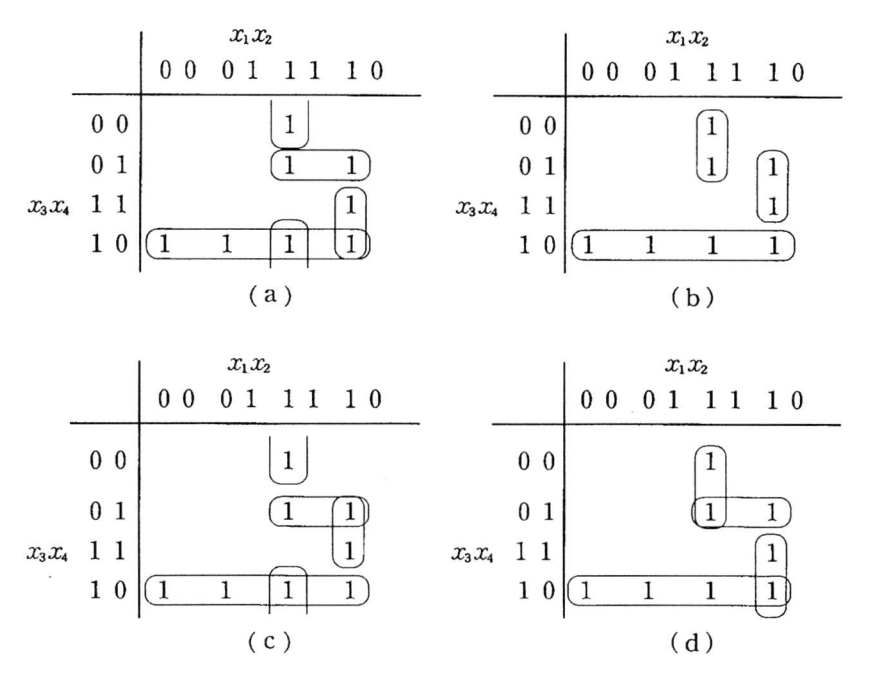

(**ステップ3**) 以上に対する非冗長論理和形の中で，主項の数が最小となる組合せは，(b) である．したがって，最小化された論理式は，以下のように書ける．

$$f(X) = x_1 x_2 \overline{x_3} + x_1 \overline{x_2} x_4 + x_3 \overline{x_4} \quad \square$$

2.4.3 論理積形の簡単化

論理和形での簡単化に対する双対な方法で，論理積形の簡単化を行うことができる．

今，論理関数 $f(X)$ の出力を反転した $\overline{f(X)}$ を考える．これを論理和形の簡単化により，以下のように表現できる．

$$\overline{f(X)} = f_1(X_1) + f_2(X_2) + \cdots + f_m(X_m) \tag{2.12}$$

ここで，$f_i(X_i)$ は最小形を形成する主項（積項）を表している．
さらに，ド・モルガン律を適用すると次式のようになる．

$$f(X) = \overline{f_1(X_1)} \cdot \overline{f_2(X_2)} \cdots \overline{f_m(X_m)} \tag{2.13}$$

一例として，$f_i(X_i)$ は以下のような積項であったとする．

$$f_i(X_i) = \overline{x_1} \cdot x_2 \cdot x_3$$

ド・モルガン律より，上式を反転したものは，以下に示されるように和項そのものである．

$$\overline{f_i(X_i)} = x_1 + \overline{x_2} + \overline{x_3}$$

以上の議論は，$f(X)$ の出力を反転した組合せ表を作成し，1－セルに着目した積和形の簡単化手順を適用し，積項に含まれる各変数を反転した上で，積項中の AND を OR に置き換えた和項を作成すればよいことを意味している．

この原理に基づく手順を以下に示す．

(**ステップ1**) すべての0セルを長方形（正方形，隅同志）で囲む．ただし，各長方形は 2^i ($i = 0, 1, \cdots$) 個のセルを含むループであり，i はできるだけ大きく選ぶ．このようにして得られたものを，主項ループと言う．また，主項ループに対応する和項を主項（prime implicant）と言う．

2.4 簡単化

(**ステップ2**) すべての0セルをいくつかの主項ループの組で被覆する．その組から1つでも主項ループを取り除くと，0セルのいずれかが被覆されなくなるような非冗長な組合せを選ぶ．このような組は一般的に複数個あり，それぞれに対して内部に含まれる主項の論理積をとることにより非冗長論理積形を作成できる．

[**定義**] ある0セルが唯一の主項ループにのみ被覆されるとき，これを必須主項 (essential prime implicant) ループと言う．

非冗長論理積形においては，必須主項は常に利用されることになる．

(**ステップ3**)：非冗長論理積形の中から，主項の個数が最小である組合せを選ぶ．このようなものが複数個あるときは，それらの中でできるだけ大きいループ (i が大きい) を数多く含む組合せを選ぶ．このようにして得られたものが，最小論理積形であり，和項数およびリテラル数総和が最小となる．

例． 以下のカルノー図で与えられる4変数関数 $f(X)$ の簡単化を考える．空白は1セルを示す．

		$x_1 x_2$			
		0 0	0 1	1 1	1 0
	0 0	0	0		0
	0 1	0	0		
$x_3 x_4$	1 1	0	0	0	
	1 0				

(**ステップ1**) 主項ループをカルノー図に書く．

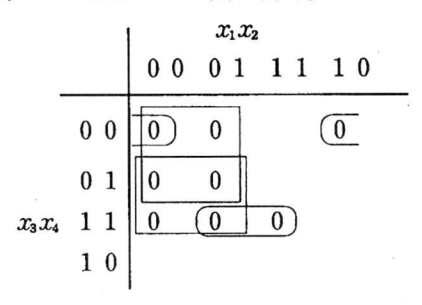

```
              x₁x₂
              00  01  11  10
         00 | ⓪   0       ⓪
         01 | 0   0
  x₃x₄   11 | 0   ⓪   0
         10 |
```

したがって，主項は以下のようになる．

$x_1 + x_3$

$x_1 + \overline{x_4}$

$\overline{x_2} + \overline{x_3} + \overline{x_4}$

$x_2 + x_3 + x_4$

これらは，すべて必須主項でもある．

(**ステップ2および3**) 必須主項ループは常に組合せに利用するので，この場合はすべての主項が非冗長かつ最小な組合せとなる．したがって，最小化された論理式は，以下のように書ける．

$$f(X) = (x_1 + x_3) \cdot (x_1 + \overline{x_4}) \cdot (\overline{x_2} + \overline{x_3} + \overline{x_4}) \cdot (x_2 + x_3 + x_4) \quad \square$$

2.5 NAND回路網とNOR回路網

2.5.1 完全性

一種類のみの基本ゲートを用いて論理回路を構成できれば，その汎用性を利用してプログラマブルなゲートアレーへの応用など，集積システム構成上の意義が大きい．このようなものに，NANDあるいはNORゲートがある．

また，NANDゲートやNORゲートは，CMOS回路により，ANDゲートやORゲートよりも容易に構成できるため，実用上よく用いられるゲートである．

2.5 NAND回路網とNOR回路網

[**定義**] 2入力NANDは，以下のように定義される．

$$\overline{x_1 \cdot x_2} \tag{2.13}$$

また，2入力NORは，以下のように定義される．

$$\overline{x_1 + x_2} \tag{2.14}$$

入力数は回路上の制約に依存するが，理論的にはn入力（$n \geqq 3$）に容易に拡張することができる．

今，これらのNANDとNORを含めたゲートの記号を図2.1に，NOT,

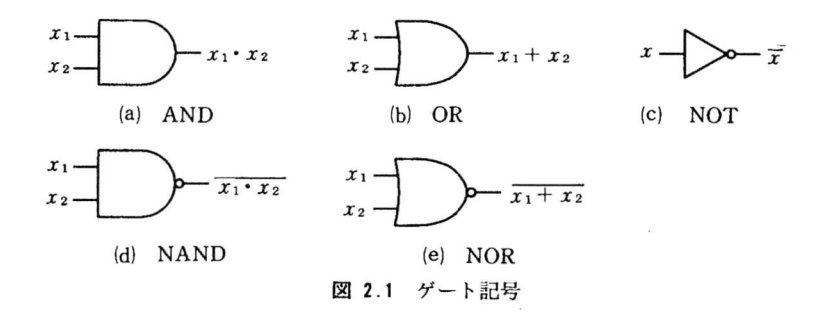

図 2.1 ゲート記号

NAND, NORゲートのCMOS（Complementary MOS）回路をそれぞれ図2.2，図2.3，図2.4に示す．CMOS回路の電源電圧V_{DD}を5Vに設定し，論理値"1"を5V，論理値"0"を0Vに対応させるものとする．このとき，nMOSトランジスタはゲート電圧が5Vのときオンであり，ゲート電圧が0Vのときオフである．逆に，pMOSトランジスタは，ゲート電圧が0Vのときオン，ゲート電圧が5Vのときオフである．したがって，スイッチモデルからそれぞれのゲートは，所望の論理動作をしていることがわかる．

NAND回路網やNOR回路網の設計は，式よりもゲート記号を用いた論理回路図で議論すると便利な場合が多い．その例を以下に示す．

[**定理**] 完全性．NANDのみで，任意の論理関数を表現できる．またNORのみで，任意の論理関数を表現できる．

(**証明**) 2入力AND, 2入力OR, NOTを2入力NANDのみで表現できることを示す．

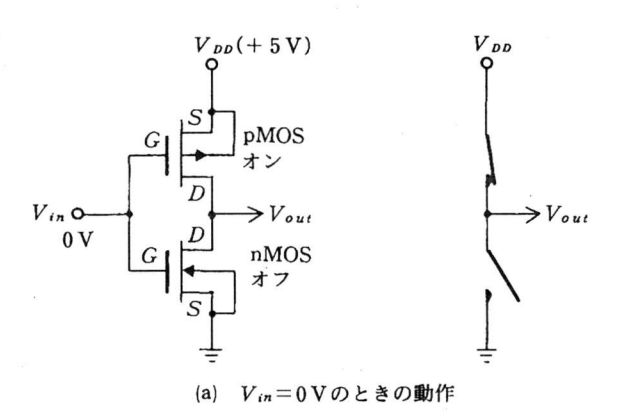

(a) $V_{in}=0$ V のときの動作

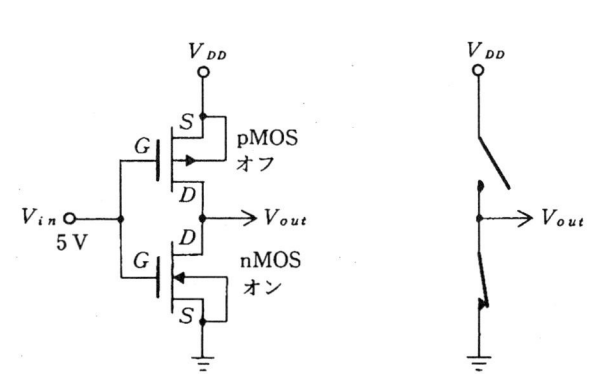

(b) $V_{in}=5$ V のときの動作

図 2.2 CMOS NOT 回路

$$\overline{x}=\overline{x \cdot x}$$
$$x_1 \cdot x_2 = \overline{\overline{x_1 \cdot x_2}}$$
$$x_1 + x_2 = \overline{\overline{x_1 + x_2}} = \overline{\overline{x_1} \cdot \overline{x_2}}$$

回路図で，これを示すと図2.5のようになる．

双対な関係より，同様に2入力 AND，2入力 OR，NOT を2入力 NOR のみで表現できる．また，この関係を図2.6に示す．

2.5 NAND 回路網と NOR 回路網

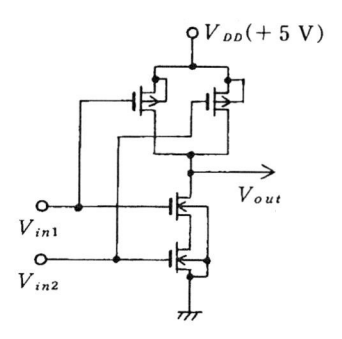

(a) NAND 回路

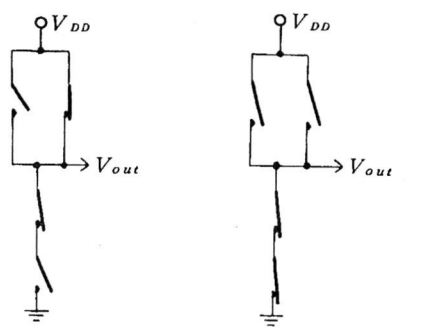

(b) $V_{in1}=5\,\mathrm{V}$, $V_{in2}=0\,\mathrm{V}$ のときのスイッチモデル (c) $V_{in1}=5\,\mathrm{V}$, $V_{in2}=5\,\mathrm{V}$ のときのスイッチモデル

図 2.3 CMOS NAND 回路

$$\overline{x}=\overline{\overline{x}+\overline{x}}$$
$$x_1+x_2=\overline{\overline{x_1+x_2}}$$
$$x_1\cdot x_2=\overline{\overline{x_1\cdot x_2}}=\overline{\overline{x_1}+\overline{x_2}}$$

したがって，それぞれ完全性が成り立つことは明らかである． ∎

2.5.2 論理和形から NAND 回路網への変換

NAND 回路網をなるべく簡単に構成するには，論理和形による展開を行った後，それを NAND 回路網へ変換する方法が直接的である．

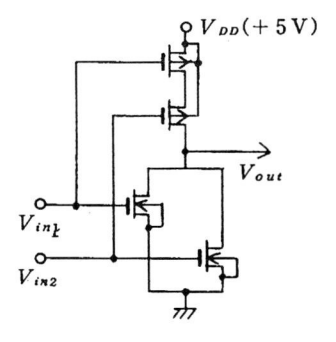

(a) NOR 回路

(b) $V_{in1} = 0\,\text{V}, V_{in2} = 0\,\text{V}$ のときのスイッチモデル

(c) $V_{in1} = 5\,\text{V}, V_{in2} = 0\,\text{V}$ のときのスイッチモデル

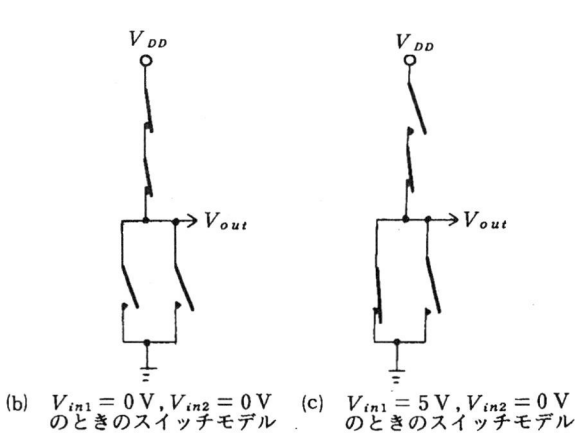

図 2.4 CMOS NOR 回路

例． $f = x_1 \cdot \overline{x_2} + x_3 \cdot x_4 + \overline{x_5}$

$= \overline{\overline{x_1 \cdot \overline{x_2} + x_3 \cdot x_4 + \overline{x_5}}}$

$= \overline{\overline{x_1 \cdot \overline{x_2}} \cdot \overline{x_3 \cdot x_4} \cdot x_5}$

であるので，NAND のみによる論理回路図は，図2.7のように導出される．□

2.5 NAND 回路網と NOR 回路網

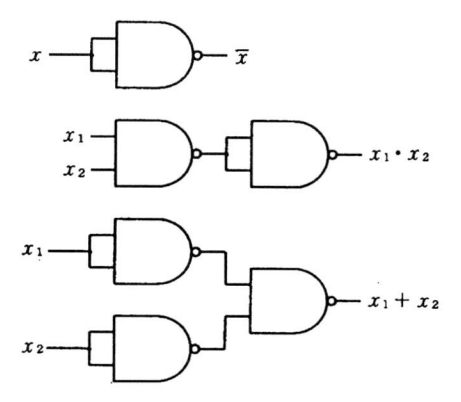

図 2.5 NAND による NOT, AND, OR の実現

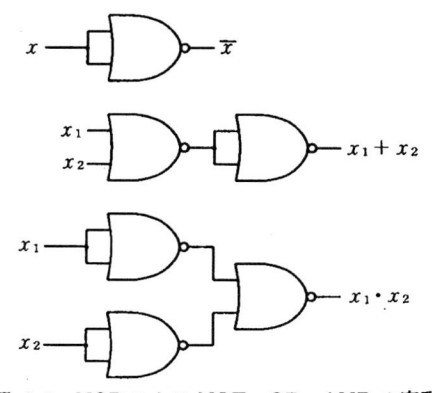

図 2.6 NOR による NOT, OR, AND の実現

2.5.3 論理積形から NOR 回路網への変換

NOR 回路網をなるべく簡単に構成するには，論理積形による展開を行った後，それを NOR 回路網へ変換する方法が直接的である．

例． $f = (x_1 + \overline{x_2}) \cdot (x_3 + x_4) \cdot \overline{x_5}$
$= \overline{\overline{(x_1 + \overline{x_2}) \cdot (x_3 + x_4) \cdot \overline{x_5}}}$
$= \overline{\overline{(x_1 + \overline{x_2})} + \overline{(x_3 + x_4)} + x_5}$

であるので，NOR のみによる論理回路図は，図2.8のように導出される．□

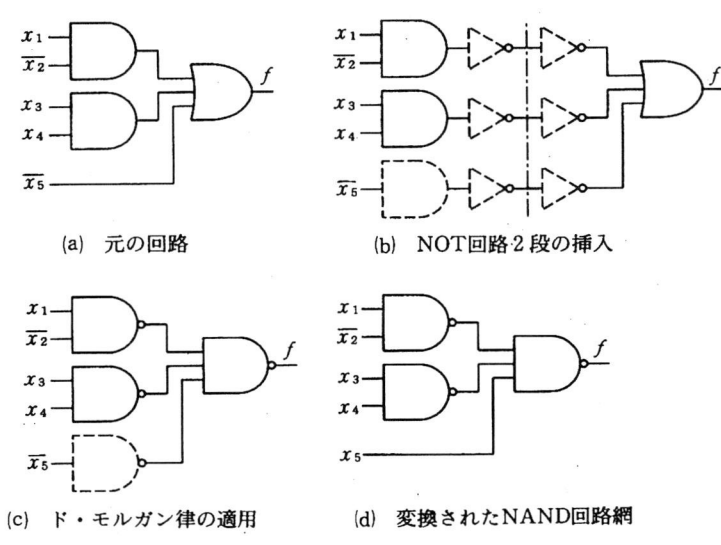

(a) 元の回路　　(b) NOT回路2段の挿入

(c) ド・モルガン律の適用　　(d) 変換されたNAND回路網

図 2.7 論理和形からNAND回路網への変換

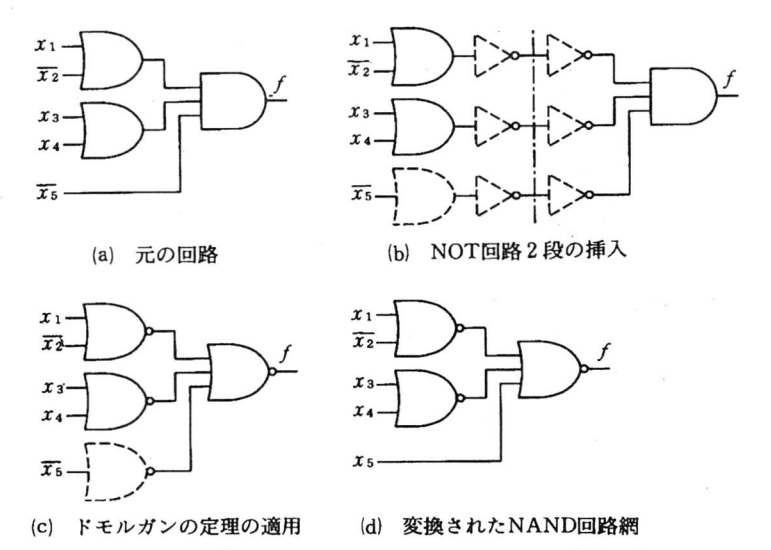

(a) 元の回路　　(b) NOT回路2段の挿入

(c) ドモルガンの定理の適用　　(d) 変換されたNAND回路網

図 2.8 論理積形からNOR回路網への変換

演習問題

1. 排他的論理和は以下のように定義される．
   $$x \oplus y = x\overline{y} + \overline{x}y$$
   $$x \cdot (y \oplus z) = x \cdot y \oplus x \cdot z$$
   が成り立つことを論理式の変形により示せ．

2. 以下の恒等式が成り立つことを論理式の変形により示せ．
   (1) $xy + \overline{x}\,\overline{y} = (x+\overline{y})(\overline{x}+y) = \overline{(x+y)(\overline{x}+\overline{y})} = \overline{\overline{x}y + x\overline{y}}$
   (2) $\overline{w}\,\overline{x} + \overline{y}\,\overline{z} = \overline{(w+x)(y+z)}$
   (3) $\overline{x}\,\overline{y}\,\overline{z} + \overline{x}\,\overline{y}z + x\overline{y}\,\overline{z} + xy\overline{z} = \overline{x}y + y\overline{z} + z\overline{x}$

3. 双対定理を用いて，問題2の恒等式と双対なものを求めよ．

4. 2つの入力 x, y が等しいとき，出力が1である回路を一致回路と呼ぶ．この一致回路の組合せ表を作成し，この関数を AND, OR, NOT を用いた論理式で表せ．また，NAND のみで表せ．

5. 問表2.1のカルノー図で与えられる論理関数を，(1) 論理和形，(2) 論理積形，(3) NAND 回路網，(4) NOR 回路網で表現せよ．

問表 2.1

	yz 00	01	11	10
wx 00	1	0	0	1
01	0	0	1	1
11	0	1	1	0
10	1	1	0	1

6. 3ビット入力 x_1, x_2, x_3 のうち，1の個数が2以上となれば出力 f が0となり，1の個数が1以下ならば出力 f が1となる論理関数 $f(x_1, x_2, x_3)$ について，下記の問に答えよ．

   (1) この論理関数 $f(x_1, x_2, x_3)$ の組合せ表を書け．

   (2) 論理関数 $f(x_1, x_2, x_3)$ を AND, OR, NOT を用いた最も簡単な論理和形で表せ．

（3） 論理関数 $f(x_1, x_2, x_3)$ を AND, OR, NOT を用いた最も簡単な論理積形で表せ．

（4） 論理関数 $f(x_1, x_2, x_3)$ を NAND のみで表せ．

（5） 論理関数 $f(x_1, x_2, x_3)$ を NOR のみで表せ．

7. 4ビット入力 $X = (x_1, x_2, x_3, x_4)$ について，$(x_1 x_2)$ と $(x_3 x_4)$ とをそれぞれ2ビット2進数（x_2, x_4 が下位の桁）とみて，$(x_1 x_2) < (x_3 x_4)$ のとき出力が1となり，それ以外のとき出力が0となる論理関数 $f(X)$ について，下記の問に答えよ．

（1） 論理関数 $f(X)$ の組合せ表を書け．

（2） 論理関数 $f(X)$ を AND, OR, NOT を用いた最も簡単な論理和形で表せ．

（3） 論理関数 $f(X)$ を AND, OR, NOT を用いた最も簡単な論理積形で表せ．

（4） 論理関数 $f(X)$ を NAND のみを用いて表せ．

（5） 論理関数 $f(X)$ を NOR のみを用いて表せ．

8. 3ビット入力 x_1, x_2, x_3 の加算を行う全加算器の組合せ表を作成せよ．全加算器では，重み2の出力は桁上げ（キャリ），重み1の出力は和（サム）と呼ばれている（p.135 7.2参照）．この全加算器を AND, OR, NOT を用いて表現せよ．また，この全加算器を NAND のみを用いて表現せよ．

9. デコーダと OR を用いて，全加算器を構成せよ．

10. マルチプレクサと NOT を用いて，全加算器を構成せよ．

11. 4ビットの2進数 $x_3 x_2 x_1 x_0$ のうち，対応する10進数である0から9までの数字の表示を考える．問図2.1のセグメント数字表示器に表示させるための，論理回路を設計せよ．

12. 2カ所のスイッチからオン・オフを制御できるようにするためには，どのような論理回路を構成すればよいか．

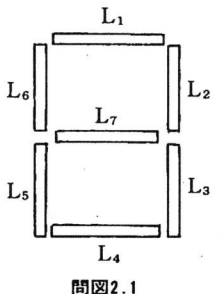

問図2.1

3

情報記憶回路

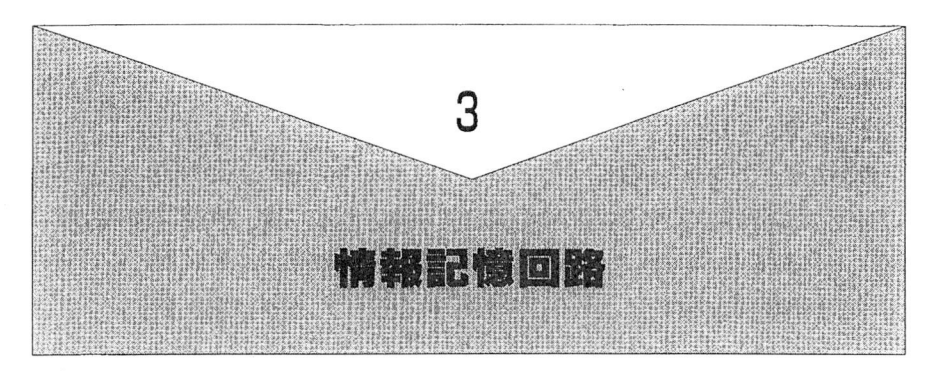

組合せ回路では,出力が現在の入力値だけに依存しているが,順序回路では,出力が現在の入力ばかりでなく,過去の入力値の系列に依存している.このため順序回路の構成には,過去の状態を記憶するための情報記憶回路が必要である.この情報記憶回路には,フリップフロップ (flip-flop) や RAM (Random Access Memory),ROM (Read Only Memory) などがある.

3.1 フリップフロップ

3.1.1 RS フリップフロップ

電源が入っているだけでいつまでも,信号レベルを劣化することなく記憶することを,スタティックに記憶するという.2値情報をスタティックに記憶するためには,2つの安定状態を保持する回路が必要となる.図3.1は,NOT回路2個を直列に接続してフィードバックすることにより得られる2安定回路

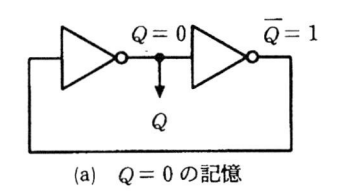

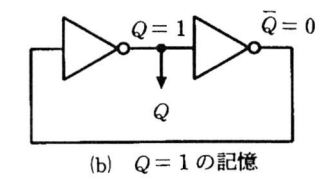

(a) $Q = 0$ の記憶 　　　(b) $Q = 1$ の記憶

図 3.1　2 安定回路

3. 情報記憶回路

の構成を示している．しかしながら，このままでは外部から Q の状態を変化させることができないため，外部入力による制御が必要となる．このような観点から，RSフリップフロップが考案された．

RSフリップフロップは，SRフリップフロップ，SRラッチ (latch)，RSラッチとも呼ばれており，NANDのみで図3.2あるいは，NORのみで図3.3のように構成され，その回路記号として図3.4を使用する．これは，クロックによる同期機能はもたないため，つねに R および S の入力信号がフリップフロップに伝播する，いわゆる非同期フリップフロップの一種である．

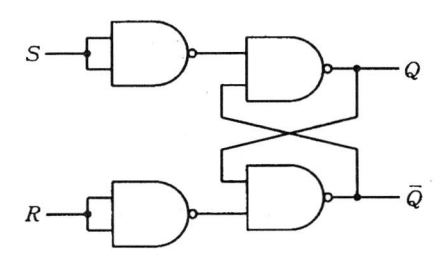

図 3.2　NANDによるRSフリップフロップの構成

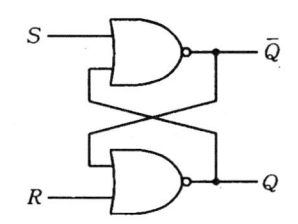

図 3.3　NORによるRSフリップフロップの構成

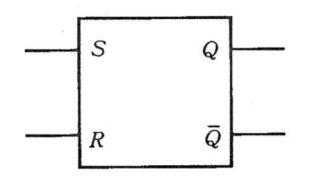

図 3.4　RSフリップフロップの記号

3.1 フリップフロップ

表3.1 RSフリップフロップの動作

S	R	Q	$\overline{Q}$	
0	0	記憶状態		
0	1	0	1	(リセット状態)
1	0	1	0	(セット状態)
1	1	定義せず		

表3.2 RSフリップフロップ動作を示すカルノー図
　　　　（次の状態 (next state) Q^{n+1}）

```
             SR
          00  01  11  10
Q^n  0 |  0   0   -   1
     1 | (1)  0   -  (1)
```

表3.1はRSフリップフロップの動作機能を示している。$S=0$，$R=0$のときは，図3.1のように記憶状態を保持している。$S=1$，$R=0$のときは，過去の状態に無関係に$Q=1$となる。同様に，$S=0$，$R=1$のときは，過去の状態に無関係に$Q=0$となる。また，$S=1$，$R=1$にすると，図3.2では$Q=1$，$\overline{Q}=1$に，また図3.3では$Q=0$，$\overline{Q}=0$になるが，その後$S=0$，$R=0$の記憶状態にしたときに，どのような安定状態になるかが不定，すなわち定義できない。このため，このような入力は利用価値がないため，印加しないことにする。

RSフリップフロップの現在の状態をQ^n，RSの入力を変化させた直後の状態を「次の状態 (next state)」Q^{n+1}とする。RSフリップフロップの動作をカルノー図で表現すると，表3.2のようになる。Q^{n+1}を論理関数として表現することもできるが，これを特性方程式という。ここで，－には上述のように，物理的には意味を持たせていないため仮想的に1を割り当て，論理式を簡単化すると，以下の特性方程式が得られる。

$$Q^{n+1} = S + \overline{R}Q^n \quad (RS=0) \tag{3.1}$$

3.1.2 クロック付き RS フリップフロップ

クロック付き RS フリップフロップは，RST フリップフロップや RST ラッチとも呼ばれ，その論理回路図と記号を図3.5に示す．クロック（clock）と

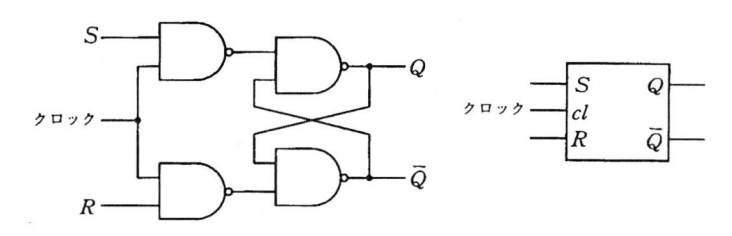

図 3.5 クロック付き RS フリップフロップ

は，一定周期をもつパルスであり，文字通り時計のようにタイミングを刻むものである．このフリップフロップはクロックに同期した動作を行う同期フリップフロップであり，クロックパルスが1のときは，S と R の入力をサンプルし，RS フリップフロップと同じ状態遷移をする．クロックパルスが0のときは，RS フリップフロップが記憶状態にあるのと等価であり，外部入力 S および R がどのように変化しても，その影響は伝播しない．したがって，S と R が整定するのに十分なクロック周期を定め，このクロックに同期させて，状態遷移を行うことができる．

3.1.3 JK フリップフロップ

JK フリップフロップは，RS フリップフロップにおいて $S=1$，$R=1$ のとき定義されていないのに対し，$J=K=1$ のとき現在の状態を反転させる動作を付加したものである．その動作表を表3.3に，カルノー図を表3.4にそれぞれ示す．

3.1 フリップフロップ

表3.3 JKフリップフロップの動作

J	K	Q	$\overline{Q}$
0	0	記憶状態	
0	1	0	1
1	0	1	0
1	1	反転状態	

表3.4 JKフリップフロップの動作を示すカルノー図
（次の状態 Q^{n+1}）

	JK			
	00	01	11	10
Q^n 0	0	0	①	①
1	①	0	0	①

表3.4よりJKフリップフロップの特性方程式は，以下のように書ける．

$$Q^{n+1} = J\overline{Q^n} + Q^n \overline{K} \tag{3.2}$$

JKフリップフロップは，現在の状態を反転させる機能を実現するために，どうしても出力 Q を入力側にフィードバックすることが必要になる．しかしながら，フィードバックのために発振のような不安定な現象が生じない工夫が必要となる．このために考案されたものが，マスタスレーブJKフリップフロップやエッジトリガJKフリップフロップである．

（a）マスタスレーブJKフリップフロップ

図3.6のように，クロック付きRSフリップフロップを2段に縦続接続したもので，前段をマスタ（master），後段をスレーブ（slave）と呼ぶ．その動作をスイッチを用いたモデルにより図3.7（a）に示す．

クロックが1のとき図3.7（b）に示すように，マスタ側のスイッチがオンとなるが，スレーブ側のスイッチは，クロックがNOTにより反転されているためオフとなる．フィードバックループが閉じていないためスレーブ出力は変化せず，前の状態が保持されたままである．

今，$J=0$，$K=0$ とすると，マスタの S，R はともに 0 であり，マスタは記

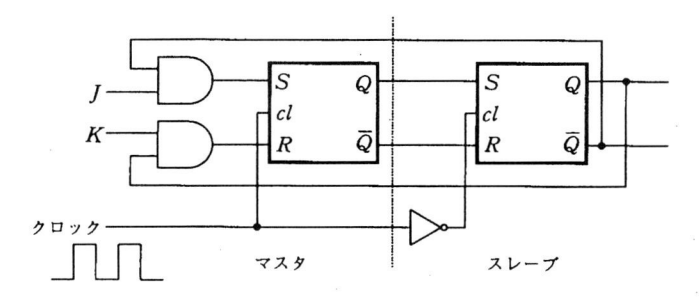

図 3.6 マスタスレーブ JK フリップフロップ

(a) モデル

(b) クロックが1のとき

(c) クロックが0のとき

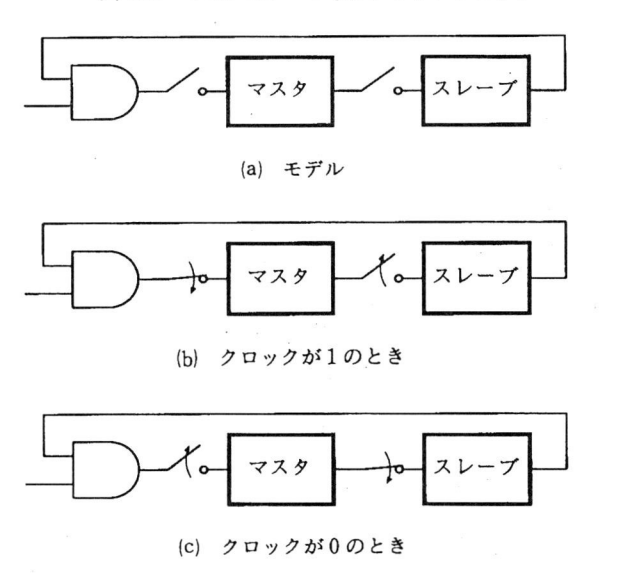

図 3.7 マスタスレーブ JK フリップフロップの動作モデル

憶状態であることがわかる．

　また，$J=1$，$K=0$ とするとスレーブ出力 $\overline{Q}$ が転送され，マスタの S，R は $S=\overline{Q}$，$R=0$ となる．スレーブ出力が $\overline{Q}=1$ であれば，$S=1$，$R=0$ となりマスタの出力 Q は1になる．スレーブ出力が $\overline{Q}=0$ であれば，マスタの S，R は $S=0$，$R=0$ となり，マスタは記憶状態すなわちスレーブと同じ出力状態 $Q=1$ である．これは，後述するようにクロックが1になる前，すな

わちクロックが 0 のとき，マスタの出力と同じ値が既にスレーブに転送されていたことに起因している．

同様に $J=0$, $K=1$ とすると，スレーブ出力 Q が転送され，マスタの S, R は $S=0$, $R=Q$ となる．スレーブ出力が $Q=1$ であれば，$S=0$, $R=1$ となり，マスタの出力 Q は 0 になる．スレーブ出力が $Q=0$ であれば，マスタの S, R は $S=0$, $R=0$ となり，マスタは記憶状態すなわちスレーブと同じ出力状態 $Q=0$ である．

$J=1$, $K=1$ とすると，スレーブ出力 Q, $\overline{Q}$ が転送され，マスタの S, R は $S=\overline{Q}$, $R=Q$ となる．スレーブ出力が $Q=1$ であれば，$S=0$, $R=1$ となりマスタの出力 Q は 0 になる．スレーブ出力が $Q=0$ であれば，$S=1$, $R=0$ となりマスタの出力 Q は 1 になる．すなわち，マスタ出力はスレーブの出力が反転されたものになる．

次にクロックが 0 のとき，図3.7（c）に示すように，マスタ側のスイッチがオフとなるが，スレーブ側のスイッチは，クロックが NOT により反転されているためオンとなる．フィードバックループが閉じていないためマスタ出力は変化せず，前の状態が保持されたままである．マスタ出力 Q, $\overline{Q}$ はそれぞれスレーブの S, R に接続されているため，$S=Q$, $R=\overline{Q}$ となる．したがって，$Q=1$ の場合は $S=1$, $R=0$ であり，スレーブ出力は $Q=1$ となる．また，$Q=0$ の場合は $S=0$, $R=1$ であり，スレーブ出力は $Q=0$ となる．すなわち，マスタの出力がそのままスレーブに転送されることがわかる．

以上により，表3.3に従ってJKフリップフロップが動作することが確認できる．このマスタスレーブJKフリップフロップの記号を図3.8に示す．図3.6のようにスレーブのクロックを反転するタイプでは，フリップフロップ出力すなわちスレーブ出力は，クロックの立下りで変化するため，左側の記号が用いられる．一方，マスタのクロックを反転するタイプのJKフリップフロップでは，フリップフロップ出力，すなわちスレーブ出力は，クロックの立上りで変化するため，右側の記号が用いられる．図3.8で，クロック端子に付加されている記号○は，立下りで出力が応答するということを示している．

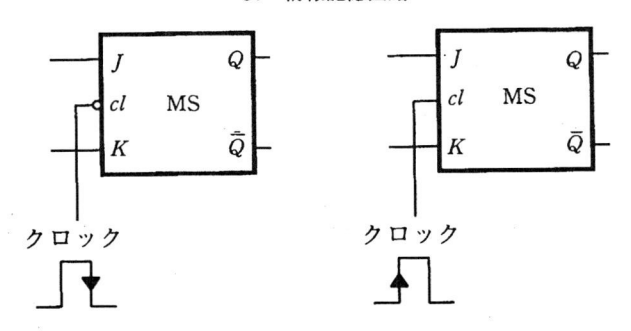

図 3.8 マスタスレーブ JK フリップフロップの記号

マスタスレーブ構成では，フィードバックをクロックが1の期間と，クロックが0の期間との2段階で行うことにより，1クロック周期に1回限りの状態遷移を確実に行うことができる．仮にフィードバックループが直接閉じる構成であれば，$J=1$，$K=1$ のときに反転が1回限りでなく，複数回継続してしまうなどの問題が生じる．このように1クロック周期での1回限りの状態遷移が必要であることは，JKフリップフロップ単体の問題のみではなく，同期式順序回路，シフトレジスタやカウンタなどにおいても要求される．図3.9は，マスタスレーブJKフリップフロップを，後述するDフリップフロップとして利用した同期式順序回路の構成図を示している．順序回路の状態遷移を与える組合せ回路からのフィードバックが存在するが，図3.9（b）および（c）のように2段動作のフィードバックを行っているため，状態遷移が2回以上連続して行われることはない．

(b) エッジトリガ JK フリップフロップ

状態の反転を行う場合は，クロックの立上り（あるいは立下り）のみで反転し，1回反転動作をすると，その後は論理的に状態の変化が起こらないように構成されたフリップフロップである．その構成の1つを図3.10に示すが，これ以外にもいくつかの異なる構成法がある．

図3.10において，NANDゲート7と8のクロスカップリング（接続線が回路図上で交さしているので，cross coupling と呼ぶ）により実現されるラッ

3.1 フリップフロップ　　　　　　　　　　47

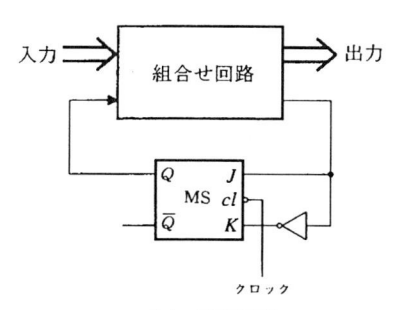

(a) 順路回路

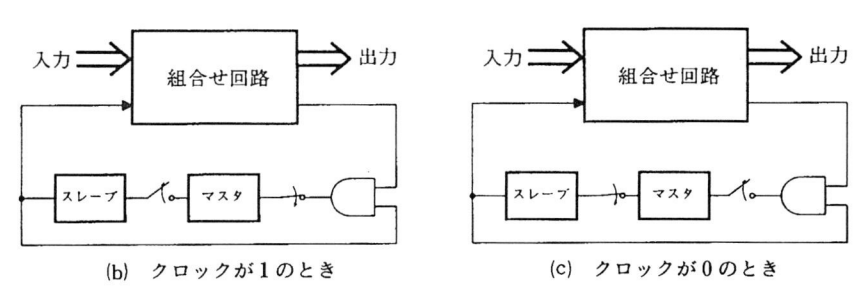

(b) クロックが1のとき　　　　　　(c) クロックが0のとき

図 3.9　同期式順序回路でのマスタスレーブフリップフロップの2段動作

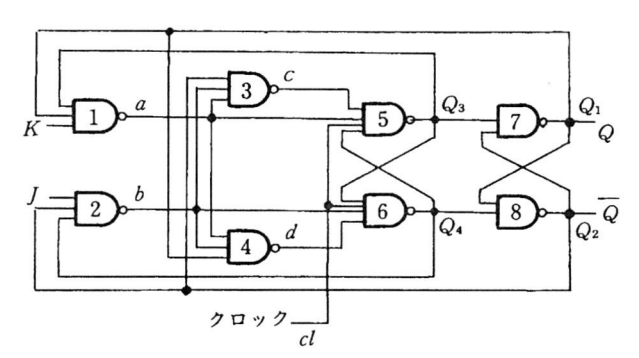

図 3.10　エッジトリガ JK フリップフロップ

チの記憶状態 Q_1 と Q_2 に着目する．クロックが0のときは，Q_3 と Q_4 はともに1となるため，Q_1 と Q_2 は記憶状態，すなわち直前の状態を保持している．

次に，クロックが0から1へ変化したときの動作を，直前の状態が $Q_1=1$,

$Q_2=0$ という条件下で考察する．なお，$Q_1=0$，$Q_2=1$ のときも，図3.10の回路が上下の中央線を境に対称であることから，同様な議論ができるので省略する．

① $J=0$，$K=0$ の場合

このとき，$a=b=1$ である．その等価回路を図3.11に示す．$Q_1=1$，$Q_2=0$ の信号が，1段目のクロスカップリングされた NAND 5 と 6 からなるラッ

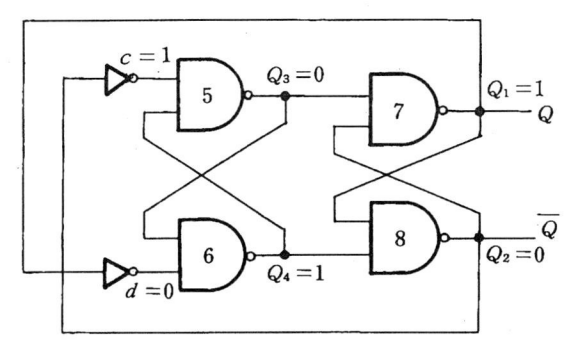

図 3.11　$J=0$，$K=0$（$a=1$，$b=1$）のときの等価回路

チへフィードバックされるが，記憶状態が変化しないで，そのまま保持されていることがわかる．すなわち，$a=b=1$ になれば直前の状態が保持される．

② $J=1$，$K=0$ の場合

このときも，$a=b=1$ であり，①と同じである．すなわち，セット状態となっていることがわかる．

③ $J=0$，$K=1$ の場合

(**ステップ1**)　クロックが0から1に遷移している瞬間はまだ$Q_3=Q_4=1$であり，$a=0$，$b=1$ である．そのときの各部の信号値を図3.12（a）に示す．

(**ステップ2**)　クロックが1になったことにより，その影響が NAND 6 の出力へ伝播し，$Q_4=0$ となる．そのときの各部の信号値を図3.12（b）に示す．

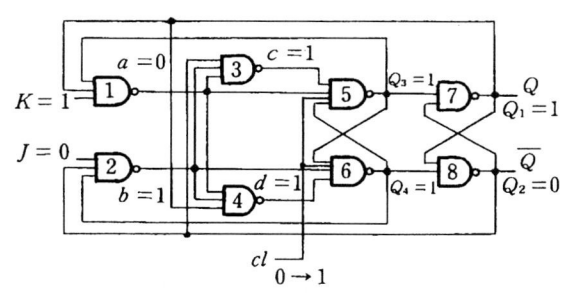

3.1 フリップフロップ

(a) ステップ1

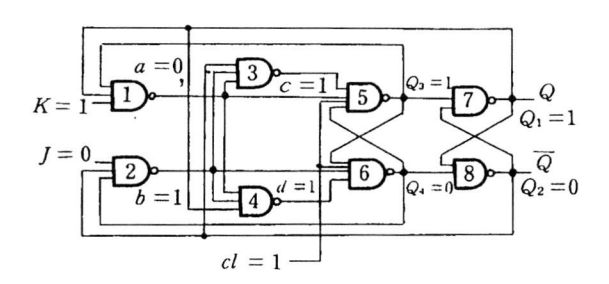

(b) ステップ2

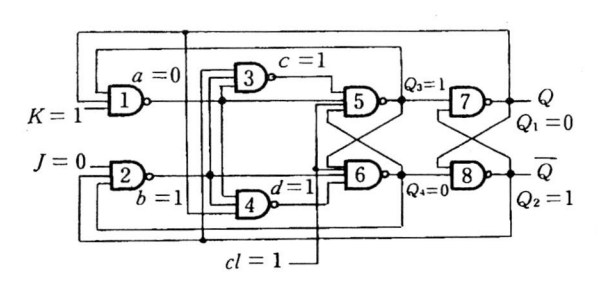

(c) ステップ3

(**ステップ3**) $Q_4 = 0$ へ変化したことにより，最終段のラッチの出力が $Q_1 = 0$, $Q_2 = 1$ となる．すなわち，反転しリセット状態へ遷移したことになる．そのときの各部の信号値を図3.12（c）に示す．

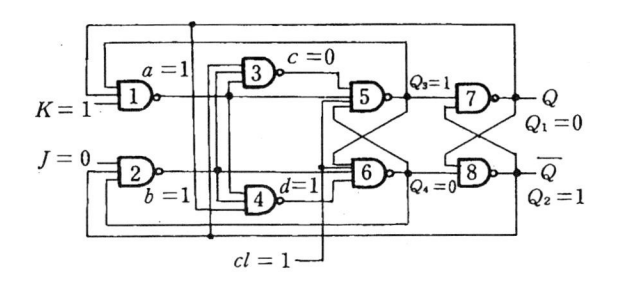

50   3. 情報記憶回路

(d) ステップ4

図 3.12 $J=0$, $K=1$ のときの信号値

(**ステップ4**) $Q_1=0$, $Q_2=1$ となったことにより，これが NAND 1 に伝播し，$a=1$ となる．さらに，この影響で NAND 3 の出力が $c=0$ となる．この状態まで変化すると，図3.11と同じ等価回路となるので（回路そのものは等価であるが，信号値はすべて反転関係にある），遷移はここまでで終了し，それ以上は変化しない．そのときの各部の信号値を図3.12（d）に示す．これは，Q_1 と Q_2 が1回遷移すると，$Q_3 \cdot Q_1 = 0$ かつ $Q_4 \cdot Q_2 = 0$ となるため，$a=b=1$ となり，最終段ラッチの遷移が1回限りで停止することが保障されている．エッジトリガと言われる理由がここにある．

④ $J=1$, $K=1$ の場合

以下のように，③の場合と同様な動作をする．

(**ステップ1**) クロックが0から1に遷移している瞬間は，まだ $Q_3=Q_4=1$ であり，$a=0$, $b=1$ である．そのときの各部の信号値を図3.13（a）に示す．

(**ステップ2**) クロックが1になったことにより，その影響が NAND 6 の出力へ伝播し，$Q_4=0$ となる．そのときの各部の信号値を図3.13（b）に示す．

(**ステップ3**) $Q_4=0$ へ変化したことにより，最終段のラッチの出力が Q_1

3.1 フリップフロップ

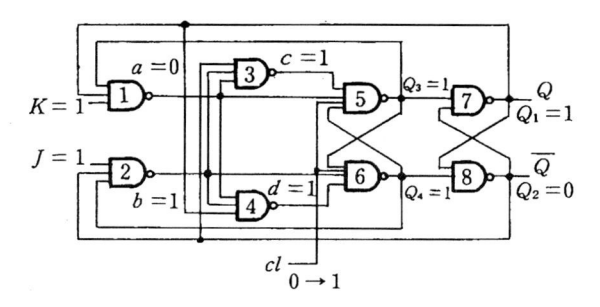

(a) ステップ1

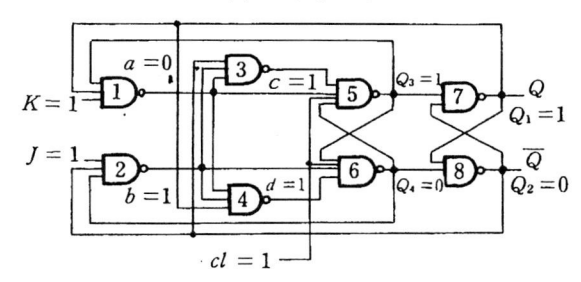

(b) ステップ2

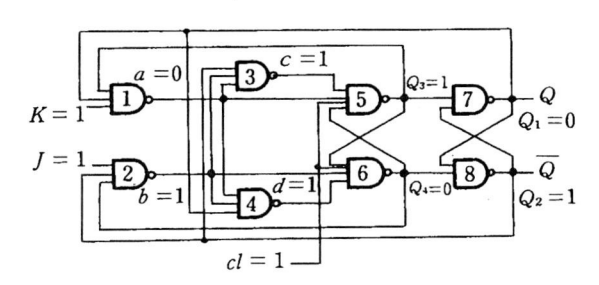

(c) ステップ3

3. 情報記憶回路

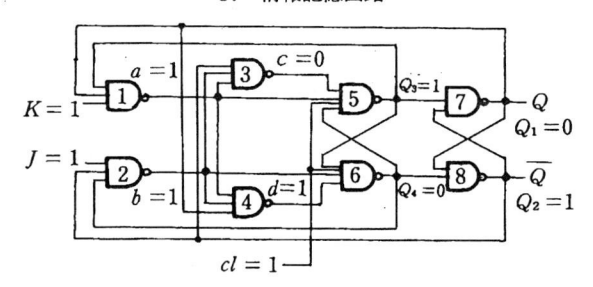

```
     ┌──────────────────────┐
     │  ┌──a=1──┐  c=0  ┌────┐ Q₃=1 ┌────┐
K=1 ──┤ 1 ├──┬──┤ 3 ├───┤ 5  ├──────┤ 7  ├── Q
     │  └───┘  │  └───┘ └────┘      └────┘   Q₁=0
     │         │        ╲╱
J=1 ──┤ 2 ├──┬──┤ 4 ├───┤ 6  ├──────┤ 8  ├── Q̄
     │  b=1 │  d=1  └────┘ Q₄=0 └────┘   Q₂=1
     └──────┘
              cl=1
```

(d) ステップ4

図 3.13　$J=1$, $K=1$ のときの信号値

$=0$, $Q_2=1$ となる．すなわち，反転状態へ遷移したことになる．そのときの各部の信号値を図3.13（c）に示す．

(**ステップ4**)　$Q_1=0$, $Q_2=1$ となったことにより，これが NAND 1 に伝播し，$a=1$ となる．さらに，この影響で NAND 3 の出力が $c=0$ となる．この状態まで変化すると，図3.11と同じ等価回路となるので（回路そのものは等価であるが，信号値はすべて反転関係にある），遷移はここまでで終了し，それ以上は変化しない．そのときの各部の信号値を図3.13（d）に示す．

3.1.4　Dフリップフロップ

Dフリップフロップは，入力Dを1クロックだけ遅らせて使用する場合によく用いられる．すなわち，単位遅延素子と考えることができる．図3.14はマス

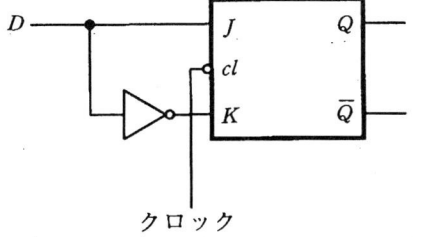

```
D ──┬─────────┤ J      Q ├──
    │         │ cl       │
    │  ┌─▷○──┤ K      Q̄ ├──
    └──┘     └──────────┘
             │
          クロック
```

図 3.14　JKフリップフロップを用いたDフリップフロップ

3.1 フリップフロップ

タスレーブ，あるいはエッジトリガ形のJKフリップフロップを用いた構成を示している．また，図3.15はクロック付RSフリップフロップを用いた，マスタスレーブDフリップフロップの構成を示している．これらのDフリップフロップの記号は，図3.16を使用するものとする．

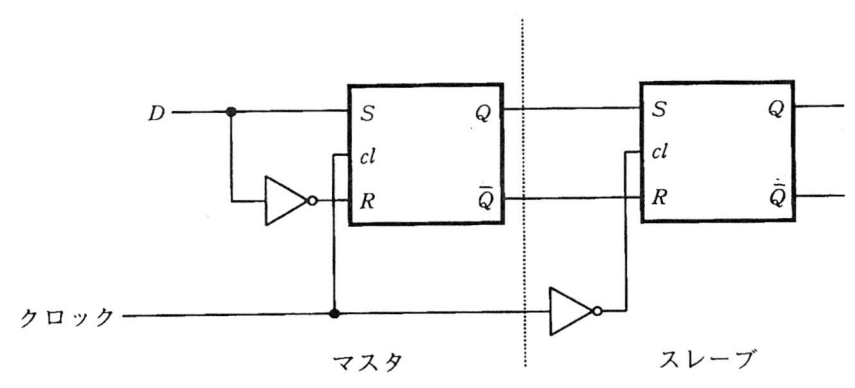

図 3.15 クロック付RSフリップフロップを用いたDフリップフロップ

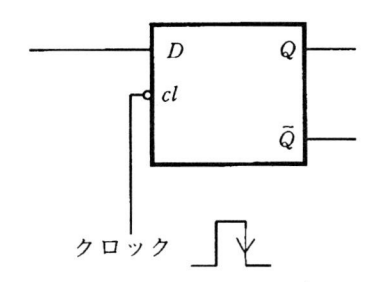

図 3.16 Dフリップフロップの記号

狭義には，ラッチとフリップフロップの違いは，クロックの変化により状態遷移が，高々1回限りに抑えられるものがフリップフロップであり，マスタスレーブ形やエッジトリガ形などがある．これらは，順序回路においてフィードバックループの中で，安定に動作するレース（競争）のないフリップフロップという意味から，レースレスフリップフロップとも言われる．これ以外，たと

えば，SR ラッチ，RST ラッチやDラッチなどのラッチでは，クロックが1の間（あるいは0の間）入力が変化すれば何回でも出力が変化する．しかし，広義あるいは慣用的には，ラッチをフリップフロップと呼ぶことがむしろ多い．

3.2 レジスタとカウンタ

3.2.1 レジスタ

レジスタ（register）とは，フリップフロップを複数個並べ，複数ビットのデータを一時記憶し，そのデータを必要に応じ，高速に読み出すことができる基本ブロックである．メモリと異なり，高速なアクセスが可能であり，プロセッサなどの一時記憶のための回路として通常，1ワードを単位とする．

レジスタの一種であるシフトレジスタ（shift register）は，演算回路などによく用いられる．これは，レジスタの内容が，入力されるクロックパルスと同じ数だけ，左または右に順次移動するレジスタである．図3.17はマスタスレー

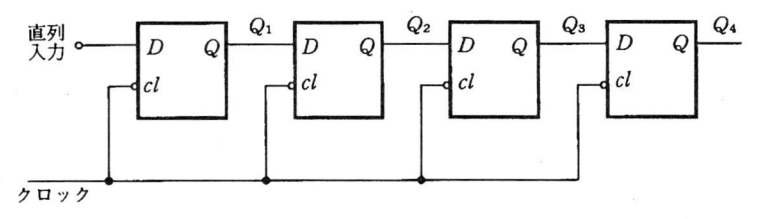

(a) シフトレジスタ

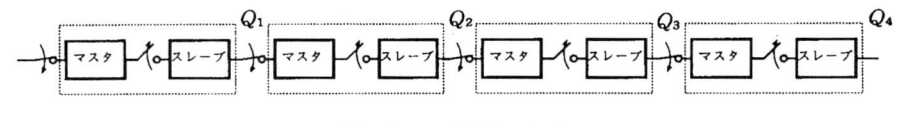

(b) クロックが1のとき

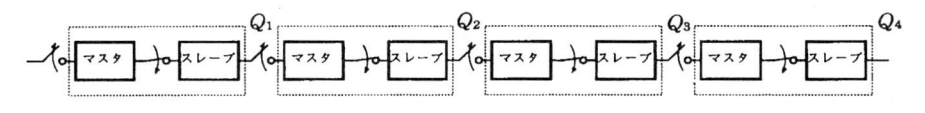

(c) クロックが0のとき

(d) タイムチャート

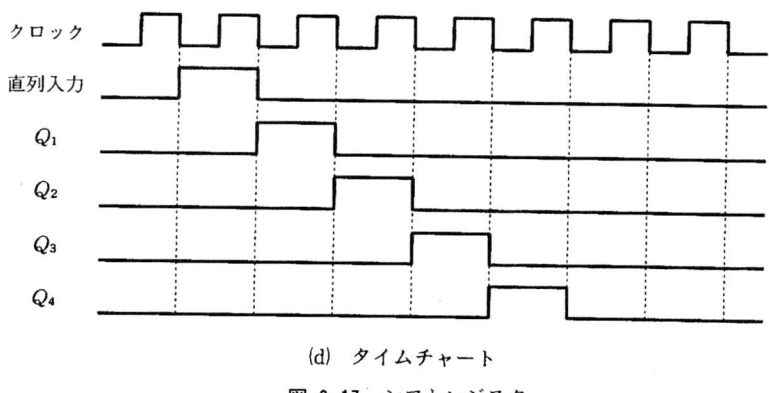

図 3.17　シフトレジスタ

ブDフリップフロップによる構成を示している．

3.2.2　カウンタ

入力パルスの数をカウントする機能ブロックであり，大別して非同期式と同期式がある．

（a）非同期式カウンタ

図3.18のように，前段のフリップフロップからの出力が，次段のクロック端子に接続される．すなわち，クロック入力は前段のフリップフロップからの出力が伝播するため，非同期式と呼ばれる．このため，フリップフロップの段数だけ遅れて，最終出力が確定する．

（b）同期式カウンタ

図3.19のように，クロック端子はすべて共通の入力パルスが印加されるため，同期式と呼ばれる．前段までのフリップフロップ出力すべてが1になる条件を，AND回路により検出し，次段のJKフリップフロップを反転させる．タイムチャートは図3.18（b）と同じであるが，クロック端子に同期した入力が一斉に入るため，高速に動作する．

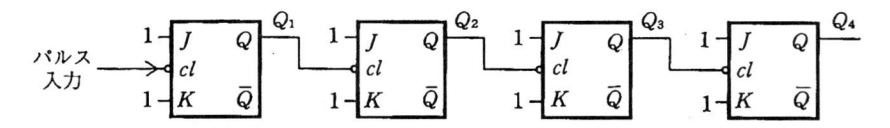

(a) 非同期式カウンタ

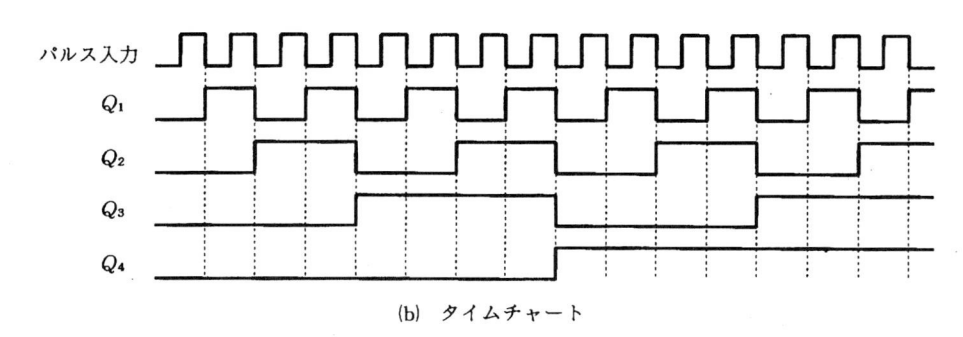

(b) タイムチャート

図 3.18 非同期式カウンタの動作

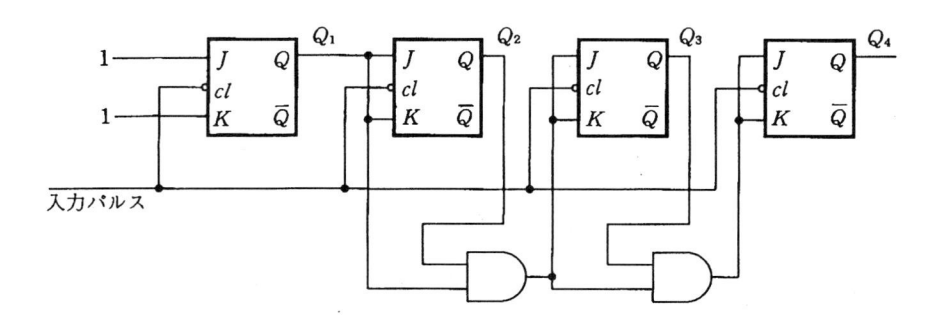

図 3.19 同期式カウンタ

3.3 メモリ

メモリ (memory) は，番地あるいはアドレス (address) を指定することにより，データの書込みあるいは読出しを行う機能を有している．メモリでは，一般に容量が大きくなると，書込み・読出し速度，すなわちアクセスタイムが

減少する.プロセッサ側で頻繁にアクセスするものほど,高速なメモリが使用されるが,このようなメモリでは,半導体メモリが利用される.また,周辺装置の大容量メモリとしては,磁気ディスクなどがある.

半導体メモリでは,大別して読み書きがともに行える RAM (Random Access Memory) と読出し専用の ROM (Read Only Memory) がある.一般に RAM では 電源を切ると,メモリ内容が消えてしまうという揮発性の性質をもち,一方,ROM では電源を切っても,メモリ内容が保存される不揮発性の性質をもつ.

メモリ内部の一般的構成を図3.20に示す.アドレス $A_{n+m-1}\cdots A_n\cdots A_0$ のうち n ビットのアドレス部 $A_n\cdots A_0$ を用いて,2^n 個のワードラインのうちの1つがデコーダにより選択される.アクセスすべきメモリセルは,残りのアドレスを用いて 2^m 個のビットラインの1つが,木構造の列選択回路により選択される.ビットラインは,データがアクセスされるとき使用されるデータ信号線であり,これを通して所望のメモリセルへのデータ入力,あるいは所望のメモリ

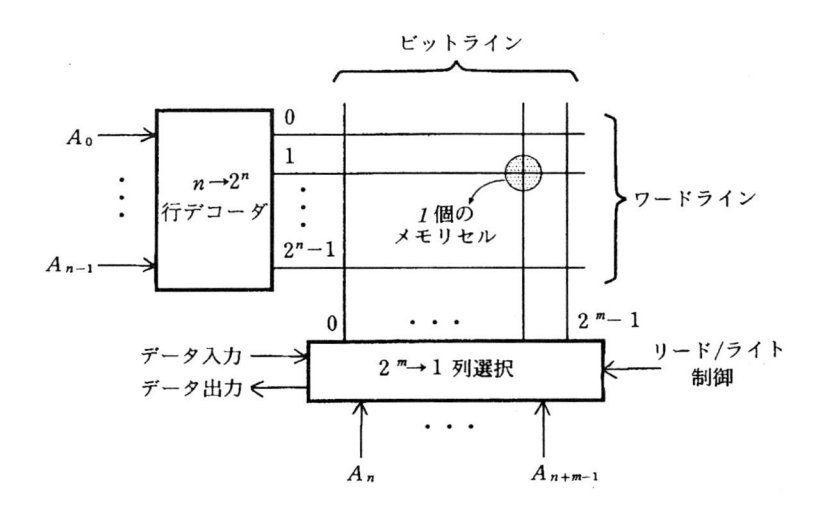

図 3.20 メモリの内部構成

セルからのデータ出力がなされる．以下に，主要な半導体メモリの分類が示されている．

$$
半導体メモリ\begin{cases} RAM \begin{cases} スタティック RAM \\ ダイナミック RAM \end{cases} \\ ROM \begin{cases} マスク ROM \\ PROM \\ EPROM \\ EEPROM \\ フラッシュメモリ \end{cases} \end{cases}
$$

CMOS スタティック RAM（Static RAM：SRAM）のメモリセルを，図3.21に示す．基本的には図3.1のように，NOT 回路を2つ用いて記憶状態を実現している．容量は相対的に他のメモリと比較してあまり大きくとれない傾向にあるが，高速アクセスが可能であるなどの特長がある．また，これとは別に，定常状態での消費電力が少ないなどを活用した携帯用機器などへの応用にもよく用いられる．

ダイナミック RAM（Dynamic RAM：DRAM）のメモリセルは，図3.22のように，MOS トランジスタと一体化した容量 C に電荷を蓄積することで，

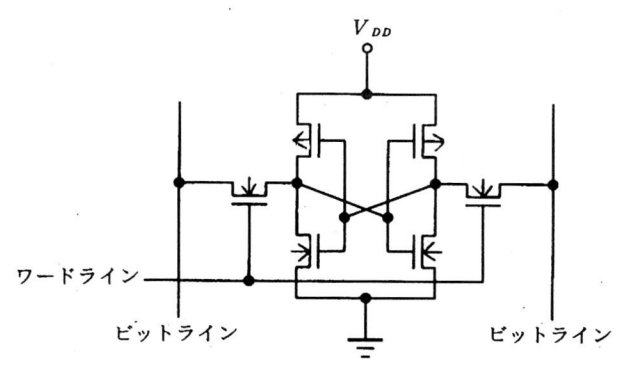

図 3.21　CMOS SRAM セル

記憶を実現している．このため，いかに小さい面積に大きな容量を作るかが問題であり，3次元構造のセルが利用されている．電荷が失われる前にリフレッシュと呼ばれる再生動作も必要であるが，大容量のメモリとしてその利用価値は高い．ROMとしては，いくつかの種類が存在する．マスクROMでは，書込み情報を用いて固有の記憶パターンを集積回路製作時に形成する．図3.23は拡散層に対するマスクをプログラムすることにより，トランジスタが形成されるかされないかに応じて，1，0の情報を記憶する拡散層プログラム方式の回路図を示している．マスクROMは開発段階が終了し，それが大量に利用される場合に用いられる．

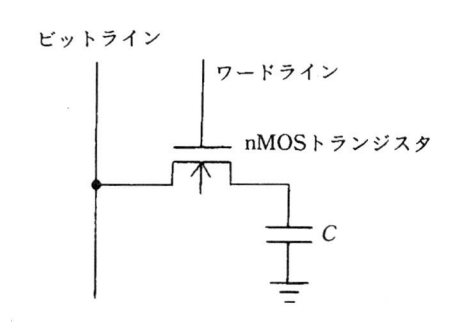

図 3.22 DRAM セル

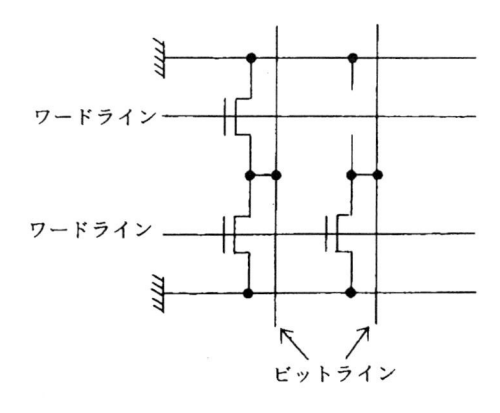

図 3.23 マスク ROM セル

その他にも，PROM (Programmable ROM)，EPROM (Erasable Programmable ROM)，EEPROM (Electrically Erasable Programmable ROM)，フラッシュメモリ (flash memory) などがある．PROM では配線接続の溶断などにより1回限りの書込みが許されるが，その後の書込みは不可能になる．EPROM では，フローテイングゲート MOS トランジスタと呼ばれるデバイスに，ホットエレクトロンを利用して書込みを行うが，その消去は紫外線を用いて全セル一括して行うことができる．したがって，複数回の書替えが可能である．EEPROM ではトンネル現象を用いて，電気的に消去や書込みが行えるようなデバイスを用いて，自由にメモリの書替えが可能である．フラッシュメモリは機能的には，EPROM の全セル一括紫外線消去が，電気的消去に置き換わっているものとみなすことができる．磁気ディスクのような大容量メモリとして発展する可能性がある．

演 習 問 題

1. 問図3.1は，最も簡単なチャッタリング（chattering）防止回路の1つを示している．チャッタリングとは，手動スイッチのオン・オフ操作時に，接点が何回かバウンドしながらスイッチが切り替わり，オン・オフが何回か繰り返されてしまうことである．この防止回路の動作を解析せよ．
2. $S=R=1$ のときには，常にセット状態になるという機能に変更された，セット優先RSフリップフロップをNANDのみを用いて設計せよ．
3. Dラッチ（Dフリップフロップ）をNANDのみを用いて構成せよ．また，NORのみではどうなるか．
4. Dラッチとマスタスレーブ Dフリップフロップはどのような機能の相違点があり，応用上どのように使い分けるか，説明せよ．
5. マスタスレーブ RSフリップフロップの論理回路図を示せ．
6. エッジトリガフリップフロップには本文以外の構成法もある．問図3.2はその一例であるDフリップフロップの構成である．その動作原理を，本文と同様な考え方により，説明せよ．
7. 初期値として"111"の3ビット2進数に対して，パルスが1個入るごとに，1を減じる非同期式の8進ダウンカウンタの構成を示せ．
8. 上記4と同じ機能のダウンカウンタを同期式で構成せよ．

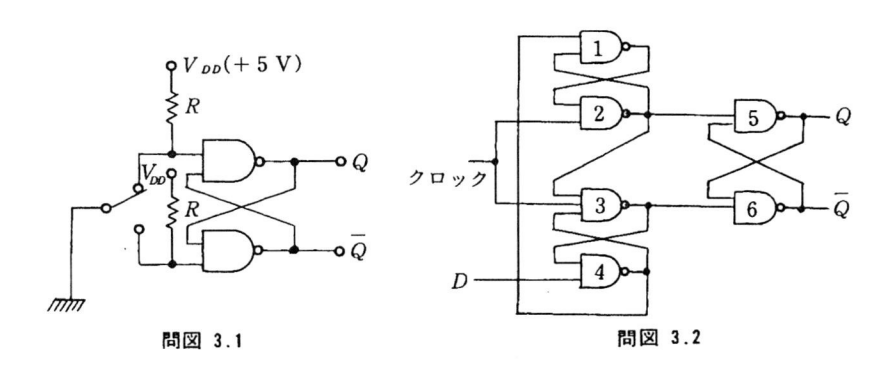

問図 3.1   問図 3.2

4

モデル計算機

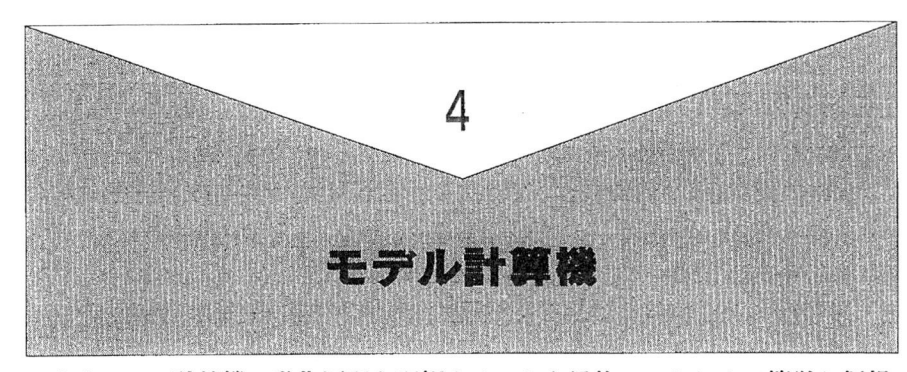

本章では，計算機の動作原理を理解することを目的に，きわめて簡単な仮想的計算機を例に挙げ，これをモデル計算機と呼ぶことにする．このモデル計算機の機械語レベルのプログラミングについて述べる．

4.1 命令体系

図4.1は，ここで考えるモデル計算機に対して，プログラミングに必要な最小限の構成要素を示したものである．図4.1では，16ビットのアキュムレータ

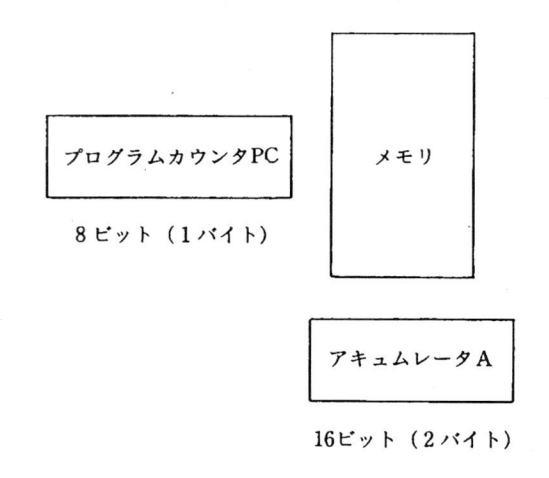

```
┌─────────────────┐      ┌─────────┐
│ プログラムカウンタPC │      │  メモリ  │
└─────────────────┘      │         │
   8ビット（1バイト）      │         │
                         │         │
                         └─────────┘
                         ┌─────────┐
                         │アキュムレータA│
                         └─────────┘
                         16ビット（2バイト）
```

図 4.1 プログラミングに着目したモデル計算機の基本構成

(accumulator) レジスタAがあり，演算結果を直接記憶，あるいは累算する役割をしている．図には演算回路は明示されていないが，加算器，AND演算回路，NOT演算回路などが備えられているとする．メモリでは，データのアクセスを行うためにアドレスを指定する必要がある．プログラムを構成している命令（instruction）もメモリに記憶されているが，次に実行すべきアドレスを示しているのが，プログラムカウンタ（Program Counter：PC）である．このモデル計算機の命令セットを以下に示す．

（a） 算術・論理演算命令，転送命令

命　　令	命令の意味
STORE M	Aの内容を，メモリアドレスMのデータとして記憶 $(M) \leftarrow A$
ADD M	AとアドレスMのデータとの加算を行い，Aに格納する． $A \leftarrow A + (M)$
ADDI M	間接アドレス指定による加算 $A \leftarrow A + ((M))$
AND M	AとアドレスMのデータとのANDをとる． $A \leftarrow A \wedge (M)$
CLEAR	Aの値を0にする． $A \leftarrow 0$
INCR	Aの値を+1だけインクリメント（increment）する． $A \leftarrow A + 1$
CMP	Aの各ビットの反転（complement）をとる． $A \leftarrow \overline{A}$

(b) 制御命令

命　令	命令の意味
JUMP M	プログラムの実行アドレスをM番地へ飛ばす． 　　　　　　　　PC←M
SKIPZ	A＝0ならば，次のプログラムの実行アドレスを1つスキップする． 　　　　　A＝0ならば，PC←PC＋1
ISZ M	メモリアドレスMのデータ（M）を＋1だけインクリメントし，この結果が0ならば，次のプログラムの実行アドレスを1つスキップする． 　　　　　　　　(M)←(M)＋1 　　　　　(M)＝0ならば，PC←PC＋1
HLT	計算機の実行停止

4.2 計算機の実行の流れ

　プログラム内蔵方式（stored program 方式）の計算機では，プログラムはある先頭開始アドレスからメモリに格納される．ここで，プログラムカウンタは，現在実行すべき命令が格納されているアドレスを指定している．直前に実行された命令が分岐命令でない場合は，アドレス順に次の命令が実行されていく．分岐命令があれば，分岐アドレスに従って実行の制御が行われる．

　計算機では，メモリから命令を取り出し，制御信号を発生し，さらに解読されるまでの命令取出しサイクルと，その後に実質的な実行が行われる実行サイクルに分けられる．すなわち

・命令取出しサイクル（fetch cycle）：命令がメモリから読み出され，解読される

・実行サイクル（execution cycle）：解読された命令が実行される

の2つのサイクルが定義されている．

　図4.2は，ここでのモデル計算機の命令語の形式（機械語）を示している．

4.3 アドレス指定方式

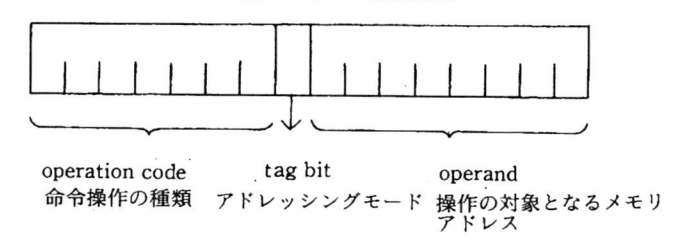

```
operation code    tag bit         operand
命令操作の種類    アドレッシングモード    操作の対象となるメモリ
                                    アドレス
```

図 4.2 命令語の形式

すべての命令は1ワードの固定語長で命令語を表現するものとする．これに対して，命令の種類により命令の語長が異なる方式もある（5章参照）．実際にプログラムとしてメモリに格納される一連の命令の情報は，0，1に符号化された2値符号であるが，表記の便宜上16進コードで表現することもよく行われる．操作コード（operation code）は操作や演算の種類を表す．タグビット（tag bit）は0か1かにより，アドレス指定方式を与えている．オペランド（operand）は，演算や操作を施す対象データに関する情報，たとえば参照すべきメモリアドレスを示すものである．

4.3 アドレス指定方式

メモリの読出しや書込み，すなわちメモリアクセスをするためには，アドレスを指定しなければならない．オペランドが演算や操作を施すべき対象データと，どのような関係があるかを定義しているのが，アドレス指定方式である．このモデル計算機では以下のようなアドレス指定方式を定義している．

① **絶対アドレス指定方式**（absolute addressing），あるいは**直接アドレス指定方式**（direct addressing）オペランドに実効アドレス（effective address）M が直接記述される．たとえば
   ADD 80
   は，80番地のメモリ内容との加算を意味する．
② **間接アドレス指定方式**（indirect addressing）：実効アドレスが，オペ

ランドMで指定されるメモリの内容となる．たとえば80番地の内容が90のとき

　　ADDI　80

は，80番地のメモリ内容をアドレスとするメモリ内容との加算，すなわち90番地のメモリ内容との加算が行われる．

　本モデル計算機には含まれていないが，上記以外にも**即値アドレス指定方式**（immediate addressing）などがある．これは，オペランドそのものが，定数データとして演算や操作の対象になる．

4.4　プログラミング例

　ここでは，ハードウェアに密接に関連したソフトウェアの側面から，計算機の動作原理を理解するため，具体的なプログラミング例を述べる．各アドレスには，図4.2に示したような命令語を表す2進コード，すなわち**機械語**が格納されているものとする．この8ビットアドレスおよび16ビットデータは，すべて16進表記で与えることにする．

　（1）80番地の内容を，81番地に移動させるプログラムを作成してみる．ただし，プログラムの開始アドレスは，00番地から始めるものとする．

アドレス	ステートメント
00	CLEAR
01	ADD　80
02	STORE　81
03	HLT

　（2）以下のプログラム実行後のアキュムレータと80番地，81番地，82番地のメモリ内容を調べる．

4.4 プログラミング例

アドレス	ステートメント
00	CLEAR
01	ADD 80
02	ADD 81
03	STORE 82
04	HLT

ただし，実行前の各アドレスのデータは，以下のようであったとする．

80　　0045
81　　0070
82　　0000

実行後のアキュムレータAと82番地の内容は，A=00B5，(81)=0070，(82)=00B5となる．

(3) 上記プログラム(2)において，ADD 81の代わりに AND 81とすれば，実行後の(82)番地のデータは，以下のAND演算結果のようになる．( )$_2$のように2進数表示に変換し，AND演算を各ビット独立に施す．

$$45 = (0\ 1\ 0\ 0\ 0\ 1\ 0\ 1)_2$$
$$\land\ \ 70 = (0\ 1\ 1\ 1\ 0\ 0\ 0\ 0)_2$$
$$40 = (0\ 1\ 0\ 0\ 0\ 0\ 0\ 0)_2$$

(4) 80番地と81番地にあるデータの論理和 (OR) を取り，これを82番地に格納するプログラムを作成してみる．ここで，ド・モルガン律の1つである

$$X + Y = \overline{\overline{X} \cdot \overline{Y}}$$

の関係を利用する．

4. モデル計算機

アドレス	ステートメント
00	CLEAR
01	ADD 80
02	CMP
03	STORE 82
04	CLEAR
05	ADD 81
06	CMP
07	AND 82
08	CMP
09	STORE 82
0A	HLT

（5） 次のプログラムの実行フローより，実行後のAの値を求める．

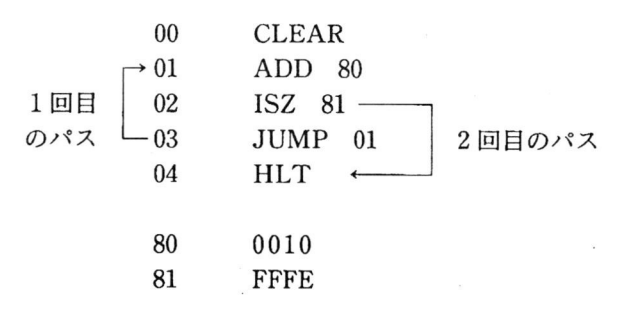

```
            00    CLEAR
          ┌→ 01    ADD   80
  1回目   │  02    ISZ   81 ──┐
  のパス  └─ 03    JUMP  01    2回目のパス
            04    HLT    ←────┘

            80    0010
            81    FFFE
```

2回目のパスでループから出るため，加算結果は A＝0020 となる．

（6） 間接アドレシングモードの命令を含む，以下のプログラム実行後の結果を調べる．

4.4 プログラミング例

アドレス	ステートメント
00	CLEAR
01	ADDI 80
02	ADDI 81
03	STORE 82
04	HLT
80	0083
81	0084
82	0000
83	0025
84	005F

この結果，A＝0084となる．

（7）80番地のメモリ内容が0ならば，85番地の内容を90番地に記憶し，(80)≠0ならば，86番地の内容を90番地に記憶するプログラムを作成してみる．

アドレス	ステートメント
00	CLEAR
01	ADD 80
02	SKIPZ
03	JUMP 06
04	ADD 85
05	JUMP 08
06	CLEAR
07	ADD 86
08	STORE 90
09	HLT

（8）2数の正数の乗算を行うプログラムを作成してみる．今，80番地に被乗数，81番地に乗数，82番地にループカウンタ，83番地に乗算結果を格納するものとする．ループカウンタは0になったら，繰返しのループから出るように，あらかじめ乗数の2の補数（7章参照）をいれておく．

4. モデル計算機

乗算の原理は，被乗数を乗数の回数だけ加算する，いわゆる繰返し加算の方式をとる．

アドレス	ステートメント	コメント
00	CLEAR	
01	ADD 81	
02	CMP	
03	INCR	乗数に対する2の補数
04	STORE 82	2の補数をループカウンタへ
05	CLEAR	
06	ADD 80	繰返し加算処理
07	ISZ 82	乗数の回数だけ繰返し加算を行う
08	JUMP 06	繰返し加算ループへ
09	STORE 83	乗算結果の格納
0A	HLT	

一例として，被乗数が10進数で10，乗数が3とする．乗数に対する2の補数表現により，10進数換算で−3という値がループカウンタに初期設定される．1回目の加算でAレジスタの累算結果が10となる．ISZ命令により，ループカウンタがインクリメントされ−2となる．したがって，2回目の加算を行い，累算結果は20となる．ISZ命令により，ループカウンタがインクリメントされ−1となる．引き続き，3回目の加算を行い，累算結果は30となる．さらに，ISZ命令により，ループカウンタがインクリメントされ0となる．このとき分岐の条件が満たされるため，ループから出て演算結果30の格納が行われる．

演 習 問 題

1. 本文のモデル計算機の命令を用いて，以下の処理を行うプログラムを作成せよ．命令実行の開始アドレスは00番地とせよ．
   (1) 80番地のメモリの内容と81番地のメモリの内容の排他的論理和を求め，Aレジスタに格納する．
   (2) 80番地のメモリの内容から81番地のメモリの内容を減じ，その結果を82番地に記憶する．
   (3) 80番地のメモリの内容と81番地のメモリの内容が等しければ，82番地に0を記憶し，それ以外の場合は82番地に80番地の内容を記憶する．
2. 除算を実行できるようにするためには，本文の命令以外にどのような命令が備わればよいか．それらの命令を用いて除算を実行するプログラムを作成せよ．
3. アドレス指定方式は，本文の記述以外にどのようなものがあるかを調べよ．
4. 機械語とアセンブリ言語の相違点について述べよ．
5. Pentiumなど，現在実用化されているマイクロプロセッサを1つ取り上げ，機械語レベルの命令セットがどのようになっているかを調べよ．

5 計算機のハードウェア設計

マイクロプロセッサなどの計算機は，高集積プロセッサとして実現されることが多い．このような高集積化を前提とすると，近年のハードウェア設計は，以下に示すような種々の階層（レベル）に分けられる．

① アーキテクチャ設計レベル

構成ターゲットとなるシステムの仕様が与えられているとする．仕様では種々の条件が提示されるが，たとえば，システムの機能，性能，チップ面積，消費電力などがどのようなものであるかを示す．システム機能としては，通常ハードウェアとソフトウェアが混在しているため，ハードウェアで実現する機能とソフトウェアで実現する機能とを分離する．マイクロプロセッサを例にとると，ハードウェアの機能を命令セット，命令語長，アドレス方式，データ語長などで記述する．

② 機能設計レベル

レジスタ，メモリ，ALU（Arithmetic Logic Unit：算術論理演算ユニット）などのモジュールを，基本ブロックとして用いたハードウェア構成を考えるレベルの設計である．すなわち，レジスタトランスファ（register transfer）レベルの動作の設計を行う．機能設計結果に対する検証を行う機能レベルシミュレータなどが，設計ツールとして利用される．

③ 論理設計レベル

モジュールの構成をゲートレベルの論理回路で設計する．論理合成ツール，論理シミュレータ，タイミングシミュレータなどの設計ツールが利用される．

④ **回路設計レベル**

トランジスタレベルの回路設計を行う．回路シミュレータが設計ツールとして利用される．

⑤ **レイアウト設計レベル**

集積回路製造時に必要となるマスクパターンのレイアウトを行う．これにより，チップサイズや配線遅延なども含めた性能を詳細に評価できる．レイアウトツールの利用が必要不可欠である．

⑥ **テストパターン設計レベル**

製造工程が終了したチップに対して，良品かどうかのテストを行うことをあらかじめ考えて設計を進めることが必須である．この目的は，不良チップをできるだけ短時間，かつ高い確度で検出することにある．入出力ピン数が限定されている現実のチップでは，テスト容易性を実現するための可制御性と可観測性が重要である．

本章では，このうち計算機の動作原理に密接に関連する②の機能設計レベルについて解説する．

5.1 レジスタトランスファ論理

計算機の機能設計レベルでは，その設計が通常，モジュール（module）レベルから行われる．モジュールとはレジスタ，カウンタ，デコーダ，マルチプレクサ，算術論理演算ユニットなどゲートレベルよりも大きな機能をもつ基本ブロックを意味している．この基本ブロック間の信号の流れに基づく機能動作を表わす方法が，レジスタトランスファ論理（register transfer logic）である．

計算機の基本的動作原理は，図5.1に示されるようにレジスタ（広い意味でメモリも含むものとする）の間での，情報転送に帰着される．たとえば加算を行う場合には，2つのレジスタに記憶されているデータを，加算回路の入力情報源（source）として選択し，加算を実行する．さらに，その加算結果を記

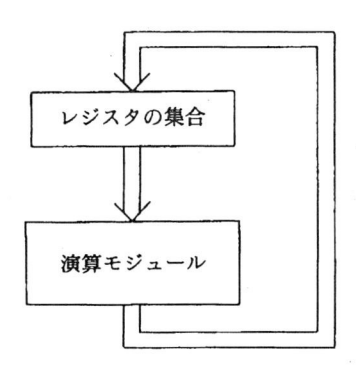

図 5.1 レジスタトランスファと信号の流れ

憶するレジスタ (destination) を選択し，そこに格納する．このような観点からすると，計算機の動作記述は，レジスタ間の転送をいかに記述するかという問題と考えることができる．このような記述を系統的に行う方法が，レジスタトランスファ論理である．

このようなレベルの設計を計算機で行う支援ツール (CAD) も開発されている．モジュールを用いたディジタルシステムの設計には，計算機の機能を記述する高水準の言語が実用上用いられ，レジスタトランスファ言語 (register transfer language) と呼ばれている．論理設計レベルなどより広い階層の支援も含むハードウェア記述言語 (hardware description language) も開発されているが，それを用いてもこのレジスタトランスファレベルの記述をすることができる．

レジスタトランスファ論理では，主に以下のような要素の情報が記述される．
① レジスタの組とその機能を記述する．
② レジスタに格納される情報を記述する．
③ レジスタに格納されている情報に施す演算は，マイクロオペレーション (microoperation) と言われる．これは，1クロック周期の間に並列に行うことができる基本オペレーションを意味する．
④ マイクロオペレーションのシーケンスを起動する制御関数，すなわちマ

イクロオペレーションを順に行う制御信号を記述する．

ハードウェア記述言語は，VHDLやVerilog-HDLなどが知られているが，図5.2（p.76）のアキュムレータに対するVerilog-HDLによる記述例を示す．

以上のようにレジスタトランスファ論理により計算機の動作を記述することができる．しかし，この動作を行うためには，所望の動作を実現するための一連の制御信号を発生する必要がある．この様子が図5.3に示されているが，制御部で発生された制御情報により，レジスタ間転送が行われる．

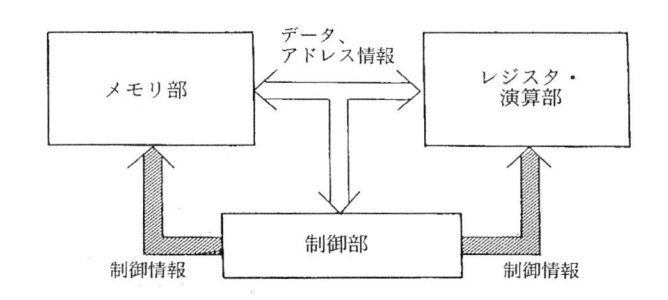

図 5.3 計算機における制御情報

演算部に備える加算器などの演算器の種類と個数，レジスタの個数などが決定すると，レジスタトランスファを行う種々のハードウェア構成を考える必要がある．このようなレジスタ間転送を制御するために，よく利用される主要なモジュールを以下に示す．

① **マルチプレクサ（multiplexer）**

図5.4は，4ビットのデータ（$I_0 \sim I_3$）のうち1ビットのデータを出力zとして選択するマルチプレクサの記号を示している．この機能は，次式で示されるように，制御信号（c_0, c_1）の値に依存して，4つのデータからどれか1つのデータを選択するものである．このマルチプレクサはセレクタ（selector）とも呼ばれ，4入力のみではなく，一般にn入力のマルチプレクサへ拡張できる．

この選択機能は，後述するデコーダとトライステートゲート（tri-state

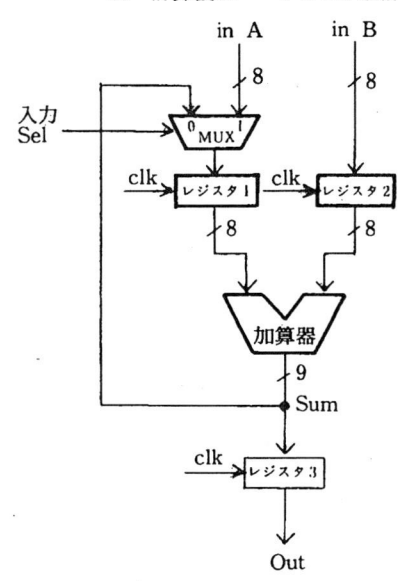

5. 計算機のハードウェア設計

```
              in A    in B
               ↓8      ↓8
              ┌─────┐
入力          │0MUX1│
Sel ─────────→└──┬──┘
            clk  │      clk
             ↓ ┌─┴───┐  ↓ ┌─────┐
               │レジスタ1│    │レジスタ2│
               └──┬──┘    └──┬──┘
                  ↓8         ↓8
                  └────┐┌────┘
                      ┌▽▽┐
                      │加算器│
                      └─┬─┘
                        ↓9
                       Sum
                    clk  ↓
                     ↓ ┌───┐
                       │レジスタ3│
                       └─┬─┘
                         ↓
                        Out
```

```
module Accumulator (clk, Sel, in_A, in_B, Out);
input          clk, Sel;         // 1-bit 入力ポート clk, Selの宣言
input   [7:0]  in_A, in_B;       // 8-bit 入力ポート in_A,in_Bの宣言
output  [8:0]  Out;              // 9-bit 出力ポート Outの宣言

wire    [8:0]  Sum;              // 9-bit 信号線 Sumの宣言

reg     [7:0]  Reg_1, Reg_2;     // 8-bit レジスタ Reg_1,2の宣言
reg     [8:0]  Reg_3;            // 9-bit レジスタ Reg_3の宣言

always  @(posedge clk)  // clk信号の立上りの時、begin～endを実行
begin
                                 // マルチプレクサの動作記述
    if(Sel == 0)   Reg_1 = Sum[7:0];  // Sel=0の場合、Reg_1にSum信号の下位8-bitを記憶
    else           Reg_1 = in_A;      // Sel=1の場合、Reg_1に入力 Aを記憶

    Reg_2 = in_B;
    Reg_3 = Sum;
end

// 変数(Reg_1,2,3)の値が変化する度に SumとOutの値も変化
//   -> クロック(clk)に関係ない代入文
assign  Sum = Reg_1 + Reg_2;     // Sum信号の値をReg_1とReg_2の和にする.
assign  Out = Reg_3;             // Reg_3に記憶された値をOutポートに出力

endmodule
```

図 5.2 Verilog-HDLによるアキュムレータの記述

5.1 レジスタトランスファ論理

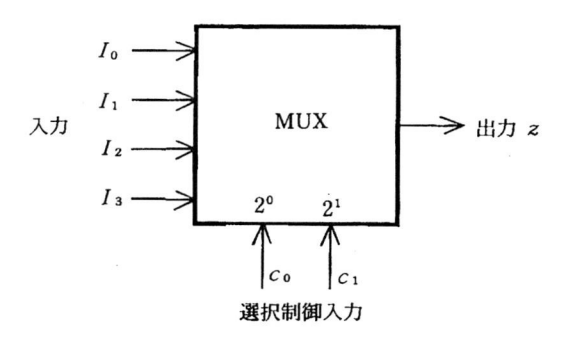

図 5.4 マルチプレクサ

gate) による構成に置き換えることもできる．この構成では，選択するデータのみを通過させ，他をハイインピーダンスにして，出力どうしを直結できるようにしたものである．

$$z = \begin{cases} I_0 & (c_0, c_1) = (0, 0) \\ I_1 & (c_0, c_1) = (1, 0) \\ I_2 & (c_0, c_1) = (0, 1) \\ I_3 & (c_0, c_1) = (1, 1) \end{cases}$$

② デコーダ (decoder)

図5.5に，2ビットから$2^2=4$ビットのデコーダ信号を発生するデコードを示す．$(x_0, x_1) = (0,0)$のときは，D_0のみを1にし，他はすべて0を発生する．このように，(x_0, x_1)を2進数とみなし（左側が下位ビットとすれば，2進数

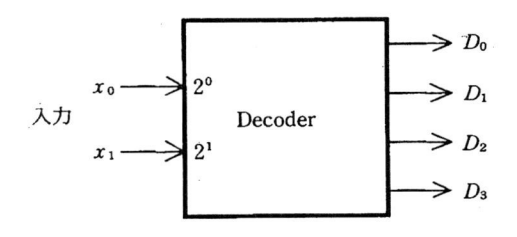

図 5.5 デコーダ

は $i = x_0 + 2x_1$)，その値 i に対する出力 D_i のみを1にし，その他の D_j ($j \neq i$) を0とする機能を有している．これも，4ビット出力のみではなく，一般に n ビット出力をもつデコーダへ拡張できる．

以下，レジスタトランスファ論理の記述例を具体的に示し，計算機の設計にどのように活用されるかを明らかにする．

5.1.1 レジスタ間転送マイクロオペレーション

（1） 宣言文によるレジスタの仕様記述

レジスタ間転送マイクロオペレーションの動作記述に先立ってあらかじめ，レジスタ名を定義したり，そのビット長の指定をする場合がある．このための記述が，以下のような宣言文である．

   DECLARE REGISTER A (8), MBR (12), PC (16)
   DECLARE SUBREGISTER PC (L)＝PC (1-8), PC(H)＝PC (9-16)

（2） 代入 (replacement operator)

転送マイクロオペレーション，すなわち代入は以下のように記述される．

   A←B

これは，転送元のソース (source) レジスタBから転送先のデスティネーション (destination) レジスタAへデータを転送する例である．

（3） 制御関数

転送マイクロオペレーションが実行されるタイミング条件は，論理式で表現された制御関数で与えられる．転送が起こるタイミングを決める条件を論理式で表わす．一例として，以下の記述を考える．

   $\bar{x}T$: A←B

これは，$\bar{x}T = 1$ すなわち $\bar{x} = 1$ かつ $T = 1$ のとき，転送を行うことを意味する．この転送を行うハードウェア構成は図5.6のようになる．ここで，ロード (load) 信号は，レジスタにデータを書き込む制御信号である．また，別の例として以下の記述を取り上げる．

   $\bar{x}T$: C←A

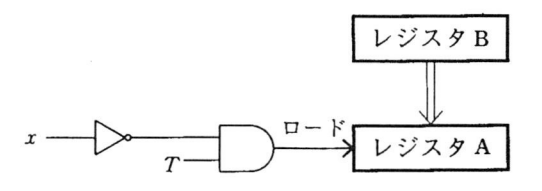

5.1 レジスタトランスファ論理

図 5.6 $\bar{x}T : A \leftarrow B$ に対する制御

$xT: \quad C \leftarrow B$

この例では，Cレジスタへ転送される入力データとして，AレジスタとBレジスタのどちらを選択するかを，xにより制御している．この転送を実行するハードウェア構成を図5.7に示す．マルチプレクサは，レジスタのビット長分の個数が必要であるが，これを2重枠のマルチプレクサ記号で表示することにする．

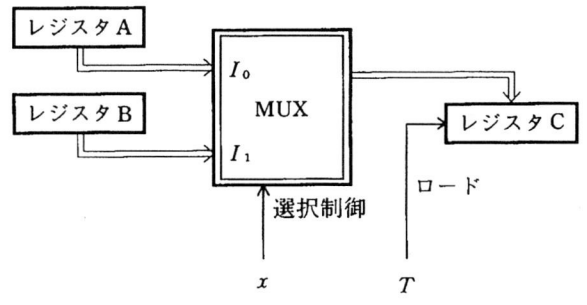

図 5.7 $\bar{x}T : C \leftarrow A$
$xT : C \leftarrow B$ に対する制御

(4) バス転送

レジスタ間の転送を行うための接続線を，図5.8のように個別に用意することは少ない．配線が複雑になるため，高速化が特別に必要な場合にのみ利用されるからである．図5.8では任意の2つのレジスタ間には専用の転送線が用意され，これを利用して所望の転送を並列に行うことができる．入力側のマルチプレクサは，どのレジスタ出力を選択するかを決定する．

これに代わるものが，図5.9に示す共通バス（common bus）接続である．

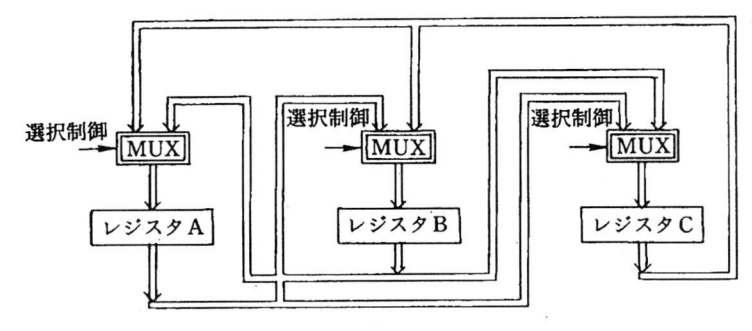

図 5.8 個別のレジスタ間転送

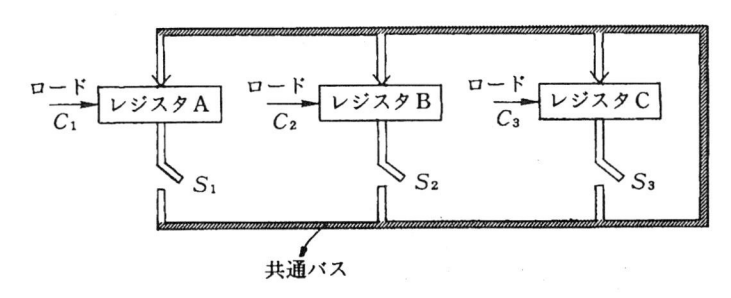

図 5.9 共通バスによるレジスタ間転送

共通バスが1つしかない場合，同時には複数個のデータ転送が行えないが，配線は大幅に簡単化される．たとえば，レジスタBの内容をレジスタCに転送するときは，スイッチ S_2 をオン，ロード制御信号 C_3 をイネーブル（ロードを可能にする値）にすればよい．このように出力側スイッチとロード信号の制御により任意のレジスタ間転送が可能となる．実際のハードウェア構成では，スイッチはマルチプレクサやトライステートゲートに置き換えられる．また，ロード信号発生はデコーダにより行える．

例． 図5.10においては，4つのレジスタが共通バスで接続されている．C←Aのレジスタ間転送を行うときの制御信号は，以下のようになる．なお，デコーダのイネーブル（enable）信号は，イネーブルのときデコーダとして働き，ディスエーブル（disable）のとき出力すべてを0にする機能をもっている．

5.1 レジスタトランスファ論理

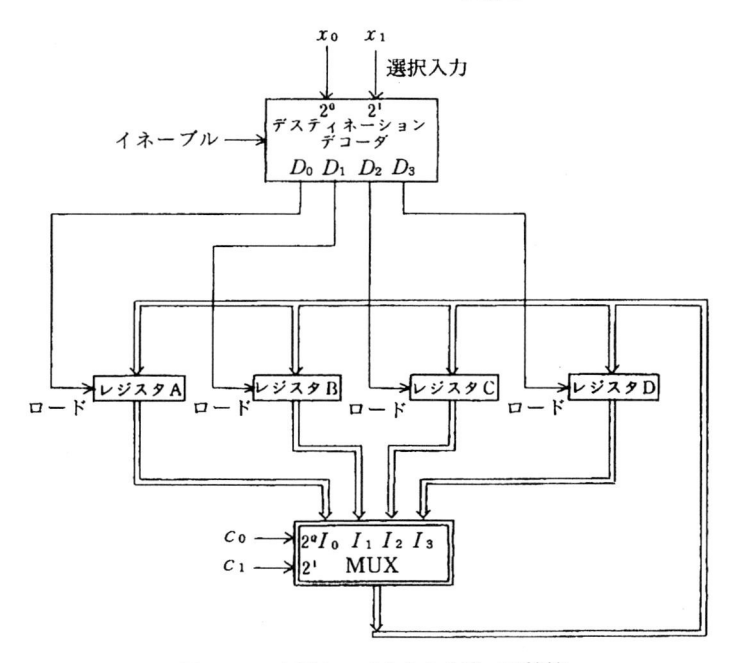

図 5.10 4個のレジスタの共通バス接続

ソース選択 $(c_0, c_1) = (0, 0)$
デスティネーション選択 $(x_0, x_1) = (0, 1)$
デコーダイネーブル$= 1$ （イネーブルモード）　　□

(5) メモリ転送

メモリへのデータ書込みおよびメモリからのデータ読出しも，レジスタ間転送と同様な方法で記述できる．異なる点は，メモリをアクセスするときには，アドレスの指定をあらかじめしておかなければならない．また，メモリが書込みのモードであるか，読出しのモードであるかを制御信号として与えなければならない．

図5.11はこれらを含めたメモリ転送を行うシステムの基本構成を示している．以下にレジスタトランスファ論理の記述に使用する文字記号を定義しておく．

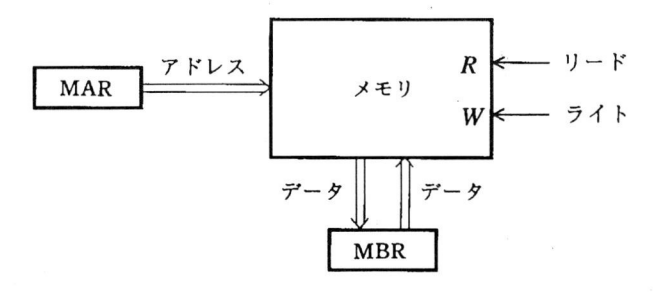

図 5.11 メモリ転送システム

   M：メモリ
   R：読出し（read）
   W：書込み（write）
  MAR：Memory Address Register
  MBR：Memory Buffer Register

メモリのアクセスをするときは，メモリアドレスの指定が必要であり，これはレジスタMARにアドレスをロードすればよい．以下の記述は，メモリから読み出されたデータが，レジスタMBRに転送されることを意味している．

   R：MBR←M

また，レジスタMBRにあるデータをメモリに書き込むための転送の記述は，以下のようになる．

   W：M←MBR

例． レジスタ・メモリ間転送の具体例を取り上げる．

   W：M［A1］←B0

の記述は，メモリアドレスA1に，レジスタB0のデータを書き込むことを意味している．この場合，図5.12に示されるように，複数個のレジスタから1個のデータを選択し，それを書き込むためにマルチプレクサが利用されている．

   R：B1←M［A0］

の記述は，メモリアドレスA0のデータを読み出し，それをレジスタB1へ転送することを意味している．図5.12に示されるように，レジスタのロード信号は，

5.1 レジスタトランスファ論理　　　　　　　　　83

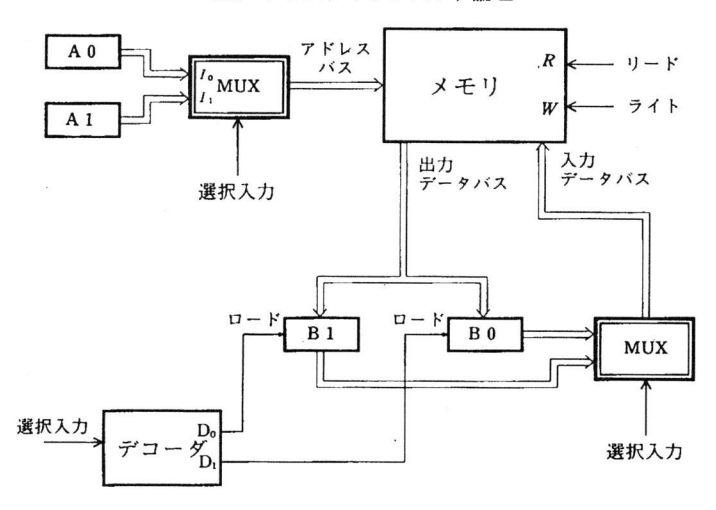

図 5.12　レジスタ・メモリ間のデータ転送

デコーダにより発生されている．□

5.1.2 算術・論理演算マイクロオペレーション

　代入では，ソースレジスタの内容そのものを，デスティネーションレジスタへ転送していた．ここでは，さらにソースレジスタの内容に対して，算術論理演算を施した結果を，転送するための記述法を導入する．それらの例を，以下に示す．

$F \leftarrow A+B$　　　　　AとBの加算結果をFへ転送する．
$F \leftarrow A-B$　　　　　AとBの減算結果をFへ転送する．
$F \leftarrow \overline{A}$　　　　　　Aの各ビットを反転した結果（1の補数）
　　　　　　　　　　　をFへ転送する．
$F \leftarrow \overline{A}+1$　　　　　Aの2の補数をFへ転送する．
$F \leftarrow A+1$　　　　　Aをインクリメントした結果をFへ転送する．
$F \leftarrow A \vee B$　　　　　AとBのOR演算結果をFへ転送する．

84   5. 計算機のハードウェア設計

$\quad$ $F \leftarrow A \wedge B$ $\qquad$ AとBのAND演算結果をFへ転送する．
$\quad$ $F \leftarrow \mathrm{shl}A$ $\qquad$ Aを1ビット左シフトした結果をFへ転送する．
$\qquad\qquad\qquad\qquad$ このとき，最下位ビットには0をいれる．
$\quad$ $F \leftarrow \mathrm{shr}A$ $\qquad$ Aを1ビット右シフトした結果をFへ転送する．
$\qquad\qquad\qquad\qquad$ このとき，最上位ビットには0をいれる．

例． 以下のレジスタトランスファを実現する回路構成を図5.13に示す．
$\quad$ ここで，$T_2 = 1$のときは$T_1 = 0$であるとする．
$\quad$ $T_1 : A \leftarrow A + B$
$\quad$ $T_2 : A \leftarrow \overline{A}$ $\qquad$ □

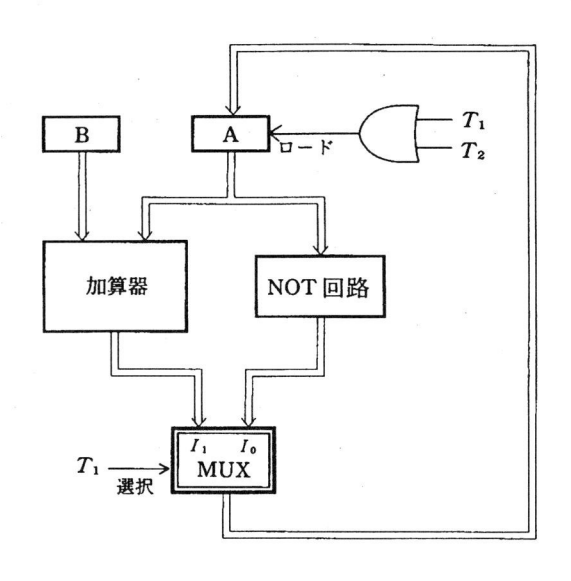

図 5.13 算術・論理演算回路の一例

5.1.3 条件分岐

条件分岐はIFで示される条件が満足されたのであれば，thenのマイクロオペレーションを実行し，それ以外ではelseのマイクロオペレーションを実行する．これは以下のように記述される．

P：IF（条件）then（マイクロオペーレション1）
　　　　else（マイクロオペレーション2）

今，条件を論理式 Q で表現し，$Q=1$ のとき条件が満足され，$Q=0$ のとき条件が満足されないとする．したがって，条件部の情報を制御関数の方に受け持たせると，上記記述は，以下のようにIFを用いない，今までの表記法に帰着できる．これは，条件分岐があっても，そのための新たなハードウェア機構を用意しなくてもよいことを意味している．

　　PQ：（マイクロオペレーション1）
　　P$\overline{Q}$：（マイクロオペレーション2）

例． T_2：If（C=0）then（F←1）else（F←0）

は以下と等価になる．

$\overline{C}T_2$：F←1

CT_2：F←0　　　□

5.1.4　命令コード (instruction code)

機械語プログラムは，2値符号で表現された命令語としてメモリに格納される．命令語は，操作コード（operation code）と命令の実行対象を示すオペランド（operand）から構成される．操作コードは命令演算の種類を示す．

4章のモデル計算機では，すべての命令は1ワードの命令語長をもつ，固定語長方式であった．ここでは，命令の種類により命令語長が異なる可変語長方式について述べる．図5.14に示すように，1ワード命令では，操作コードのみで命令実行のためのすべての情報がそろっていることを意味している．すなわち，メモリアドレスなどの情報が実行に関与していないので，操作コードのみの1ワードで表す．

オペランドは演算の対象を示すものであるが，具体的にはデータの記憶アドレス，データ自体，レジスタ名，次に実行される命令のアドレスなどがオペランドとなる．オペランドが1個必要な場合は，操作コードとオペランド1個の合計2ワードで命令を表す．この命令を2ワード命令と呼ぶ．場合によっては，

86   5. 計算機のハードウェア設計

```
┌──────────┐
│ 操作コード │
└──────────┘
```
(a) 1ワード命令

```
┌──────────┐ ┌──────────┐
│ 操作コード │ │ オペランド │
└──────────┘ └──────────┘
```
(b) 2ワード命令

```
┌──────────┐ ┌───────────┐ ┌───────────┐
│ 操作コード │ │ オペランド1 │ │ オペランド2 │
└──────────┘ └───────────┘ └───────────┘
```
(c) 3ワード命令

図 5.14 命令語の構成

2個のオペランドが必要な3ワード命令などが用意される計算機もある.

プログラムは一連の命令の集合やデータからなるが,あるメモリアドレスから順番に格納される.図5.15はその一例を示したもので,0,1の符号であらかじめ定められているCLEARの操作コード,ADDの操作コード,その実行対象を表すメモリアドレスであるオペランドなどが順に格納されている.

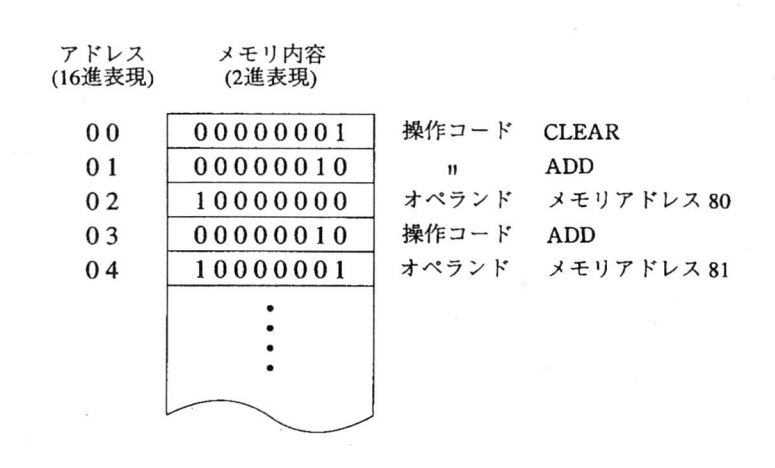

アドレス (16進表現)	メモリ内容 (2進表現)		
00	00000001	操作コード	CLEAR
01	00000010	〃	ADD
02	10000000	オペランド	メモリアドレス80
03	00000010	操作コード	ADD
04	10000001	オペランド	メモリアドレス81

図 5.15 メモリ内における命令語の記憶

5.1.5 マクロオペレーションとマイクロオペレーション

1つの命令が実行されるまでには，いくつかのステップ数すなわち複数のクロックサイクルがかかる．したがって，1つの命令が実行されるまでには，一連のマイクロオペレーションが関わることになる．

一連のマイクロオペレーションを1つのステートメントで表現したものを，マクロオペレーション（macrooperation）と言う．一例として，以下のマクロオペレーションは，5つのマイクロオペレーションにより実行が完了する．マイクロオペレーション3までは命令取出しサイクルに，その後は実行サイクルに相当する．

マクロオペレーション：A←オペランド

マイクロオペレーション1：命令が記憶されているアドレスを指定する．

マイクロオペレーション2：操作コードをメモリから読み出す．

マイクロオペレーション3：操作コードを制御レジスタへ移す．制御部では操作コードがデコードされ，即値オペランド命令であると解読される．

マイクロオペレーション4：オペランドをメモリから読み出す．

マイクロオペレーション5：メモリから読み出したオペランドをレジスタAに転送する．

マイクロオペレーションの記述を，レジスタトランスファ論理を用いると，系統的に行うことができることは，以下の理由による．

- マイクロオペレーションによって命令を簡潔に定義できる．
- 特定のハードウェア構成に無関係に，必要な処理をマイクロオペレーションによって表現できる．
- 制御関数とマイクロオペレーションによって，ディジタルシステムの内部構成を定義できる．
- ハードウェア要素とその相互接続を指定することによって，計算機の制御回路の設計が体系化される．

5.2 レジスタトランスファ論理を用いた計算機の設計

ここでは,表5.1に示される命令セットを有する簡単な計算機の設計を例にとり,レジスタトランスファ論理に基づく計算機の論理設計法について述べることにする.各命令は,命令の種類により命令の語長が異なる可変語長方式とし,操作コードは8ビット,またオペランドも8ビットとする.メモリのアドレスとデータもそれぞれ8ビット長とする.

表5.1 例題の計算機の命令セット

操作コード	命令語	機 能
00000000 ($q_0=1$)	STA ADR	Aをアドレスで指定されるメモリにストアする.$M[ADR] \leftarrow A$
00000001 ($q_1=1$)	LDA ADR	アドレスで指定されるメモリ内容をAにロードする.$A \leftarrow M[ADR]$
00000010 ($q_2=1$)	ADC ADR	A,アドレスで指定されるメモリの内容さらにキャリ$C_0=1$との加算を行い.その結果をAに格納する.$A \leftarrow A+M[ADR]+1$
00000011 ($q_3=1$)	CMP	Aの各ビットの反転(NOT演算)を行い、その結果をAに格納する.$A \leftarrow \overline{A}$

レジスタトランスファレベルのハードウェア構成要素に着目した,計算機の基本モジュールの配置を図5.16に示す.ここで取り上げる計算機は,あくまで動作の基本原理を理解するためのものであり,実用的に採用されているパイプライン方式など,高性能化アーキテクチャは含まれていないが,基本概念は共通なものである.

PCは8ビットのプログラムカウンタであり,次に実行すべき機械語の操作コードやオペランドが記憶されているメモリアドレスを保持している.MAR (Memory Address Register)は,メモリのアドレスを指定するための8ビットのレジスタである.MBR (Memory Buffer Register)は,メモリから読み出したデータを一時記憶するときや,メモリに書き込むデータを保持するとき

5.2 レジスタトランスファ論理を用いた計算機の設計

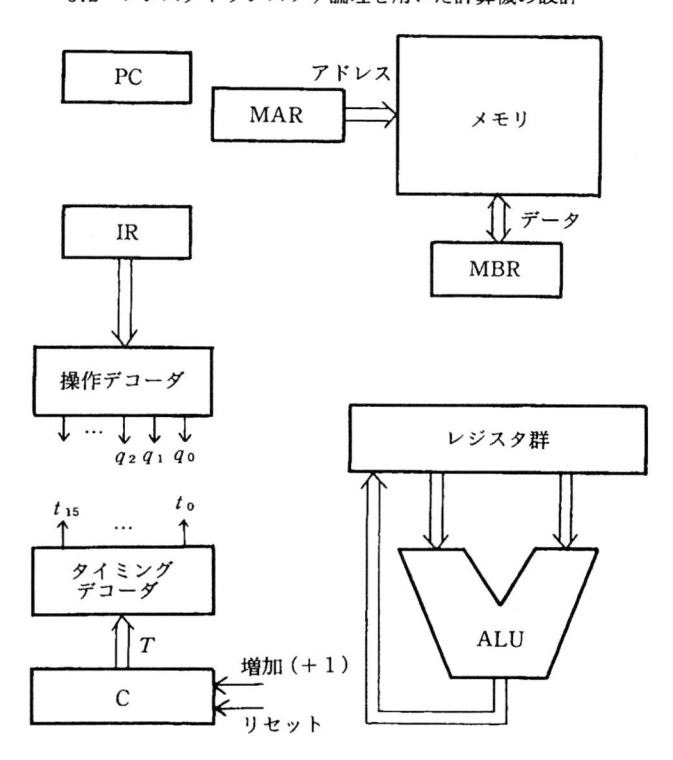

図 5.16 計算機の基本モジュールの配置

に用いられるレジスタである．IR (Instruction Register) は機械語命令の操作コードを記憶し，デコーダはそれに対応する命令デコード信号 q_i を"1"にする．この命令デコード信号により，その命令固有の制御信号を発生することができる．

Cはシステムクロックに同期して動作するカウンタを示している．カウント値を示す変数 T を，タイミング変数と呼ぶことにする．この例では，T は4ビット2進数で表され，リセット信号として"1"が入ると，その値は，"0000"にリセットされることを意味している．図5.17はそのタイムチャートを表示したものである．リセット信号が"0"かつインクリメント信号（+1）が"1"である間は，システムクロックをパルス入力としてインクリメン

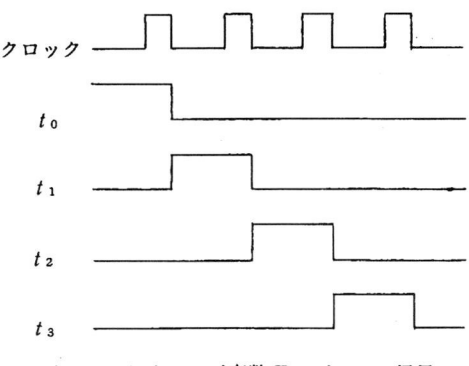

図 5.17 タイミング変数Tのデコード信号

ト動作が行われる．タイミング変数 T は，デコーダによりデコードされ，$t_i=1$ となる i ($i=0,\cdots,15$) が1つずつ選ばれる．すなわち，$T=$ "0000" のときは $t_0=1$ となり，クロックパルスが入るごとにカウンタがインクリメントされ，$t_i=1$ を順に発生していく．リセット信号が "1" となれば，再び $T=$ "0000" となる．Aレジスタ，BレジスタおよびAOB（ALU Output Buffer）レジスタは，8ビットの演算用レジスタであり，演算すべき入力データや，演算出力データを保持しておくために利用される．

1つの命令の実行が完了するまでには，命令取出しサイクルと，実行サイクルがあることをすでに述べた．以下では，命令取出しサイクルおよび各命令の実行サイクルごとに，レジスタトランスファ論理を検討してみる．

5.2.1 命令取出しサイクル

命令取出しサイクルは，以下の3つのマイクロオペレーションで記述される．

t_0：MAR ← PC　　　　　　　　操作コードのアドレスを転送

t_1：MBR ← M, PC ← PC+1　　操作コードを読み出し，PCをインクリメント

t_2：IR ← MBR　　　　　　　　操作コードをIRに移す．

これは結局，

5.2 レジスタトランスファ論理を用いた計算機の設計

IR ← M [PC], PC ← PC+1

のマクロオペレーションを行っていることに相当する.

一例として，PC=00（16進表示）で，以下に示すメモリアドレスには，ある機械語命令が記憶されているとする．

アドレス	データ（操作コードあるいはオペランドのデータ）
0 0	0 1
0 1	8 0

命令取出しサイクルのt_0では，MARに00が転送される．t_1では，メモリから01のデータが読み出され，MBRに転送される．すなわち，MBR=01となる．さらに，PCは次のメモリアドレスを指定するようインクリメントされ，PC=01となる．t_2では，MBRの値がIRに転送され，IR=01となる．IRにはデコーダが接続されているため，操作コード01のデコードが行われ，$q_1=1$となる．すなわち，操作コードがLDAというニモニックに対応することが認識される．

5.2.2 命令実行サイクル

命令取出しサイクルが終了すると，操作コードのデコード信号q_i（$i=0,\cdots,3$）のどれか1つが"1"となる．前例のLDAの命令では$q_1=1$となるが，これを実行するためには，オペランドを読み出す必要がある．これは，以下のように，t_3とt_4のクロックタイミングにおけるマイクロオペレーションで記述できる．ここで，$q_1 t_3$の制御関数は，$q_1=1$かつ$t_3=1$のときに，マイクロオペレーションが行われることを意味している．すなわち，LDA命令のときのみ有効となる．

$q_1 t_3$: MAR ← PC　　　　　PCで指定されるアドレスをMARへ転送

$q_1 t_4$: MBR ← M, PC ← PC+1　　オペランドADRの読出し
　　　　　　　　　　　　　　　　PCのインクリメント（次命令アドレスの設定）

さらに，アドレシングモードが絶対アドレス指定であるので，以下のマイクロオペレーションにより実行が完了する．

$q_1 t_5$: MAR ← MBR　　　　　オペランド ADR を MAR へ転送
$q_1 t_6$: MBR ← M　　　　　　メモリからデータの読出し
$q_1 t_7$: A ← MBR, T ← 0　　　データをAへ転送する．
　　　　　　　　　　　　　　T＝0にして次命令フェッチサイクルへ戻る．

同様な考え方により，他の命令もマイクロオペレーションの系列で記述される．

○ STA ADR
$q_0 t_3$: MAR ← PC
$q_0 t_4$: MBR ← M, PC ← PC＋1
$q_0 t_5$: MAR ← MBR
$q_0 t_6$: MBR ← A
$q_0 t_7$: M ← MBR, T ← 0

○ ADC ADR
$q_2 t_3$: MAR ← PC
$q_2 t_4$: MBR ← M, PC ← PC＋1
$q_2 t_5$: MAR ← MBR
$q_2 t_6$: MBR ← M
$q_2 t_7$: B ← MBR
$q_2 t_8$: AOB ← A＋B＋C_0
$q_2 t_9$: A ← AOB, T ← 0

○ CMP
$q_3 t_3$: AOB ← $\overline{A}$
$q_3 t_4$: A ← AOB, T ← 0

5.2.3 制御回路の論理設計

1つのマイクロオペレーションは，計算機ハードウェア上において，1クロックで制御が可能となるはずである．このため，同一種類のマイクロオペレーションに関連する制御関数を，すべて集めることを考える．
前例において，MAR ← PC に着目してみる．これに関連する制御関数をすべ

て集め，論理和で表現すると以下のようになる．

$t_0 + q_0 t_3 + q_1 t_3 + q_2 t_3$

図5.18は，マイクロオペレーションが1クロックで行えるようにした計算機のハードウェア構成を示したものである．この図において，PCからMARへの転送が，制御信号x_0に対応していることがわかる．したがって，x_0の制御信号の出力は，以下のようになる．

○ MAR ← PC $\quad x_0 = t_0 + q_0 t_3 + q_1 t_3 + q_2 t_3$

他のマイクロオペレーション要素についても，同様にして制御関数を集めて，制御信号に対する論理式を求めることができる．$x_i = 1$のときは，$x_j (j \neq i)$は

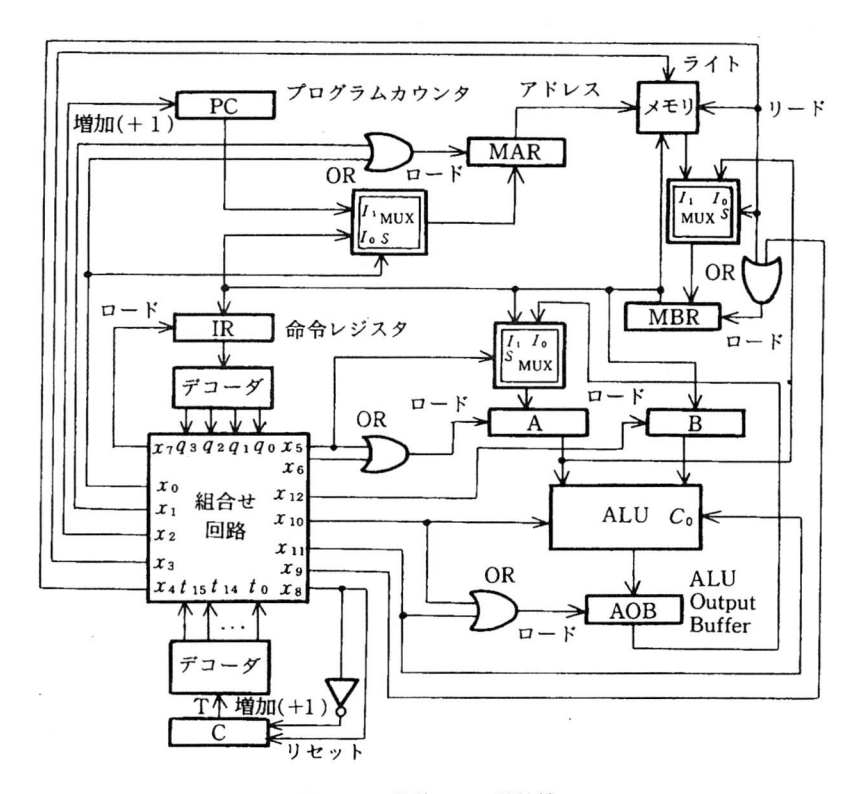

図 5.18 設計された計算機

$x_j = 0$ であることに注意せよ．すなわち1つの x_i のみが $x_i = 1$ となる．図5.18 の ALU では，$x_{10} = 1$ のときは，A の各ビットの反転が行われ，$x_{10} = 0$ のときは，$A + B + C_0$ の加算が行われるものとする．また，$C_0 = x_{11}$ は，加算時に最下位ビットの全加算器に入力されるキャリを示している．

○ MAR ← MBR

　　$x_1 = q_0 t_5 + q_1 t_5 + q_2 t_5$

○ PC ← PC + 1

　　$x_2 = t_1 + q_0 t_4 + q_1 t_4 + q_2 t_4$

○ M ← MBR

　　$x_3 = q_0 t_7$

○ MBR ← M

　　$x_4 = t_1 + q_0 t_4 + q_1 t_4 + q_1 t_6 + q_2 t_4 + q_2 t_6$

○ A ← MBR

　　$x_5 = q_1 t_7$

○ A ← AOB

　　$x_6 = q_2 t_9 + q_3 t_4$

○ IR ← MBR

　　$x_7 = t_2$

○ T ← 0

　　$x_8 = q_0 t_7 + q_1 t_7 + q_2 t_9 + q_3 t_4$

○ MBR ← A

　　$x_9 = q_0 t_6$

○ AOB ← $\overline{A}$

　　$x_{10} = q_3 t_3$

○ AOB ← $A + B + C_{-1}$

　　$x_{11} = q_2 t_8$

○ B ← MBR

　　$x_{12} = q_2 t_7$

以上のようにレジスタトランスファ論理を用いることにより，この計算機の制御回路の設計が系統的に行えることがわかる．

5.3 マイクロプログラム制御方式計算機

5.3.1 マイクロプログラム制御方式とその特長

マイクロプログラム制御の概念は，1951年 Wilkes により提案された．図5.19は，当時提案されたマイクロプログラム制御の概念図を示している．この

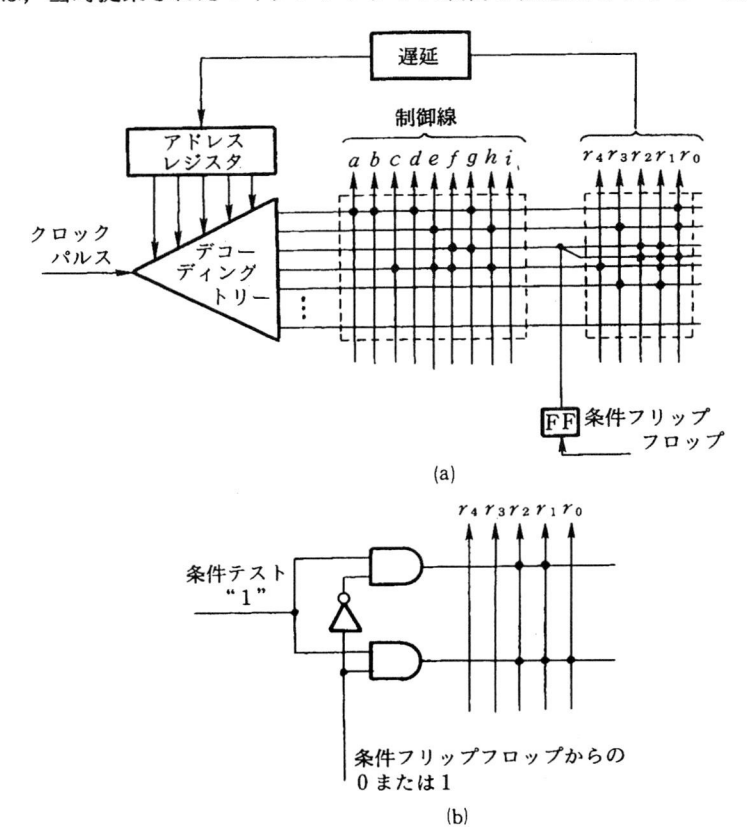

図 5.19 Wilkes の提案によるマイクロプログラム制御

基本原理は,「計算機のすべての機械語命令の実行は,レジスタ間の情報転送等の基本操作であるマイクロオペレーションの逐次処理によって実現される.」という点に集約される.

図5.19において,アドレスレジスタで指定される現在のマイクロ命令のアドレスに従って,ある1行のデコード線が選択される.列方向の制御信号 $a, b,$ $\cdots, i$ のうち,この行とドット・で接続されているものが"1"になる.また,同時に,次のマイクロ命令のアドレス $r_1 \cdots r_n$ も指定されている.ただし,条件分岐をするときは,同図(b)のように条件テストを"1"にするとともに,条件フリップフロップの値に依存して,上側か下側のアドレスのどちらかが選ばれる.なお,この条件フリップフロップには,たとえば,あるレジスタの数値が正か負かなどの条件判定結果がすでに格納されている.

マイクロプログラムとは,マイクロオペレーションを直接表わすプログラムである.図5.20に示されるように,このマイクロプログラムは,制御メモリと呼ばれる ROM にストアされる.すなわち,1クロックで並列に動作できるようなマイクロオペレーションに対応する制御信号が,ROM から読み出されることにより,計算機のきめ細かい制御を実現している.

マイクロプログラム制御方式の主な特長は,以下のようにまとめられる.
- 制御回路の設計が容易であり,ある意味でマイクロプログラミングが制御信号を直接生成していると見なせる.
- 機能の拡張性および変更に対する融通性に富む.

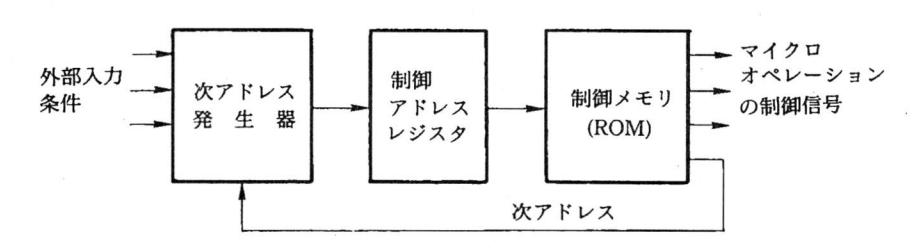

図 5.20 ROM によるマイクロプログラム制御

- クロックレベルのきめ細かい動作プログラムを記述可能であるため，マイクロ診断など，ソフトウェアを相補的に支援するプログラムと考えることができる．マイクロ診断では，クロック単位で計算機の内部状態をモニタすることができるため，**機械語命令を用いた診断では，不可能なきめ細かい診断が可能となる．**

マイクロ命令は，制御信号発生という観点からは，制御回路というハードウェアの一部と見なせるが，プログラムという観点からは，ソフトウェアとみなせる．また，ソフトウェアの領域，たとえばシステムプログラムまでをマイクロプログラミングで実現する利点も多々存在する．このように，ソフトウェアを総合的に支援し，ハードウェアという観点のみにとらわれないマイクロプログラミングは，ソフトウェアとハードウェアの中間という意味でファームウェア（firmware）と呼ばれる．

5.3.2　マイクロプログラム制御方式計算機の設計

ここでは，簡単のために，表5.2の命令セットを有するマイクロプログラム制御方式計算機を例題として取り上げる．図5.21は，この計算機の構成図を示している．

表5.2　機械語命令

操作コード	ニモニック	機　能
00000100	MOV R	$A \leftarrow R$
00000101	LDI OPRD	$A \leftarrow OPRD$
00001000	LDA ADRS	$A \leftarrow M[ADRS]$

制御メモリであるROMには，マイクロプログラムが格納されるが，1つのマイクロ命令，すなわち1つのマイクロオペレーションに対応するワードを，制御ワードと呼ぶ．図5.22に，制御ワードの構成を示す．まず，$x_1 \cdots x_8$ が8ビット定義されているが，これは図5.21の各モジュールを制御するための制御信号を表している．たとえば x_1 は，$x_1 = 1$ のときMARへのロードが行われることを意味する．また，NAは次に実行すべきマイクロ命令のROMアドレス

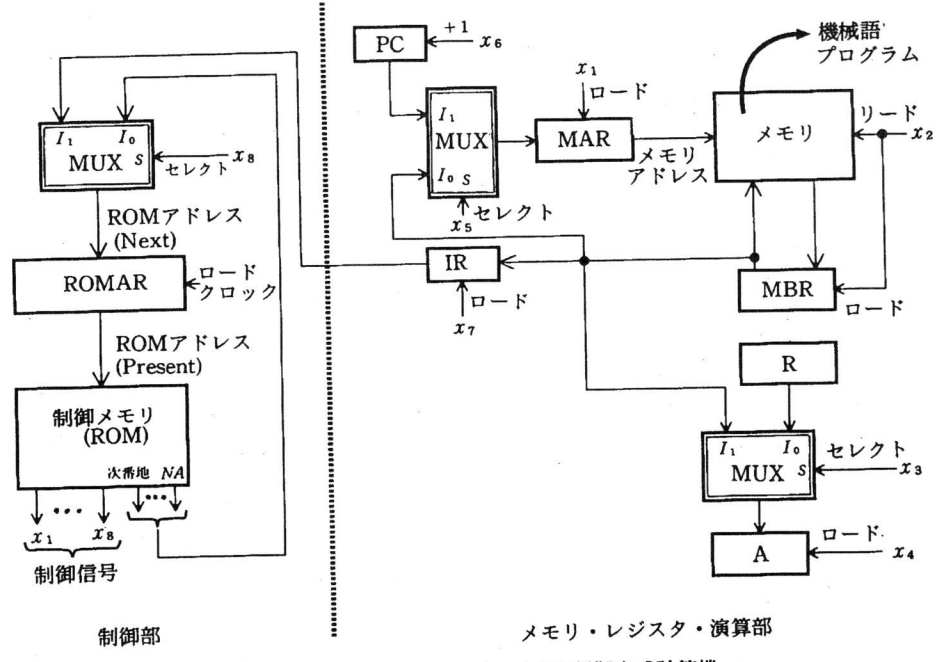

98　　　　　　　　　　5. 計算機のハードウェア設計

図 5.21 簡単なマイクロプログラム制御方式計算機

x_1　x_2　x_3　x_4　x_5　x_6　x_7　x_8	NA (ROM Address)
8ビット	8ビット

図 5.22 制御ワード

8ビットを示している．

　一方，図5.21に示すように，機械語命令は演算部のメモリに格納されている．機械語の命令取り出しサイクルにおいては，IRレジスタに操作コードが読み出され，この情報がマイクロ命令の ROM アドレスとして，ROMAR (ROM Address Register) に転送される．すなわち，機械語命令の操作コードは，マイクロ命令の ROM アドレスを指定していることになる．たとえば，LDI がフェッチされると，ROM アドレス05（16進表記）が指定される．このよう

にすると，操作コードを連続した符号に定義できない．これを解消し，操作コードと ROM アドレスを独立に定義できるように，IR レジスタの後にマッピング ROM を備え，所望のアドレス変換をテーブルルックアップ（table look-up）で行う方法もある．

以下に，ここで取り上げた簡単な計算機に対するマイクロ命令の系列を示す.

ROM アドレス (16進表記)	x_1	x_2	x_3	x_4	x_5	x_6	x_7	x_8	NA (16進表記)	コメント
				フェッチ						
0 0	1	0	0	0	1	0	0	0	0 1	MAR ← PC
0 1	0	1	0	0	0	1	0	0	0 2	MBR ← M PC ← PC+1
0 2	0	0	0	0	0	0	1	0	0 3	IR ← MBR
0 3	0	0	0	0	0	0	0	1	−	ROMAR ← IR （−：NA は指定不要）
				MOV R						
0 4	0	0	0	1	0	0	0	0	0 0	A ← R NA ← 00
				LDI OPRD						
0 5	1	0	0	0	1	0	0	0	0 6	MAR ← PC
0 6	0	1	0	0	0	1	0	0	0 7	MBR ← M PC ← PC+1
0 7	0	0	1	1	0	0	0	0	0 0	A ← MBR NA ← 00
				LDA ADRS						
0 8	1	0	0	0	1	0	0	0	0 9	MAR ← PC
0 9	0	1	0	0	0	1	0	0	0 A	MBR ← M PC ← PC+1
0 A	1	0	0	0	0	0	0	0	0 B	MAR ← MBR
0 B	0	1	0	0	0	0	0	0	0 C	MBR ← M
0 C	0	0	1	1	0	0	0	0	0 0	A ← MBR NA ← 00

上記のマイクロプログラム制御方式計算機では，モジュールへの制御信号が直接対応する，きめ細かい高並列制御を可能にする，水平形と呼ばれる制御ワ

ードの形式であった．これ以外の形式として，より符号効率を高めるため，1ワードの符号長を短くする工夫をした垂直形と呼ばれる形式もある．

　マイクロプログラミングが可能な計算機を活用すると，機械語命令をある程度自由に作ることができる．すなわち，目的の命令セットをもった計算機を，ファームウェアによって実現できる．このように，目的の計算機の命令セットを，別の計算機ハードウェア上で実現することを，エミュレーション（emulation）と呼ぶ．

演 習 問 題

1. 次のレジスタトランスファ文に対応する動作を可能にする，ハードウェアの構成を示せ．
   $T_1 : A \leftarrow \overline{A}$
   $T_2 : A \leftarrow B$

2. 本文のマイクロプログラム制御方式計算機の例題において，以下の機械語命令が追加されたとする．

操作コード	命令	機能
00001101	LDAI ADRS	$A \leftarrow M[M[ADRS]]$

   この機械語を実行するマイクロプログラムの系列を本文の例と同様に示せ．

3. 問図5.1に示す構成のモデル計算機について次の問に答えよ．ただし，Tは4ビットの2進数で表されるタイミング変数であり，対応するt_iが1となるようデコードされる．また，q_jは問表5.1で示される操作コードのデコード信号である．

   (1) 問表5.1に示される命令のみを用いて，メモリアドレスADR1に記憶されているデータとメモリアドレスADR2に記憶されているデータに対して，各ビットごとのORをとり，その演算結果をメモリアドレスADR3に格納するプログラムを作成せよ．ただし，計算機停止命令はHLTを用いよ．

   (2) 命令取り出しのための一連のレジスタトランスファ文を作成せよ．また，問表5.1に示される命令語に対して，実行サイクルのための一連のレジスタトランスファ文をそれぞれ作成せよ．ただし，$T \leftarrow 0$，$PC \leftarrow PC+1$，$AOB \leftarrow \overline{A \cdot B}$（各ビットごとのNAND演算を意味する）などの記述も使用してよい．

   (3) 上記（2）の結果を用いて制御関数x_k ($k=0, \cdots, 11$)の論理式を求めよ．

4. 問図5.2に示す構成のモデル計算機について次の問に答えよ．ただし，Tは4ビットの2進数で表されるタイミング変数であり，対応するt_iが1となるようデコードされる．また，q_jは問5.2で示される操作コードのデコード信号である．

   (1) メモリアドレスADR1とADR2に記憶されている2つのデータの加算を行い，さらにその加算結果から，メモリアドレスADR3に記憶されているデ

5. 計算機のハードウェア設計

ータを減じ，その減算結果をメモリアドレス ADR4 に格納するプログラムを，問表5.2に示される命令と計算停止命令 HLT のみを用いて作成せよ．

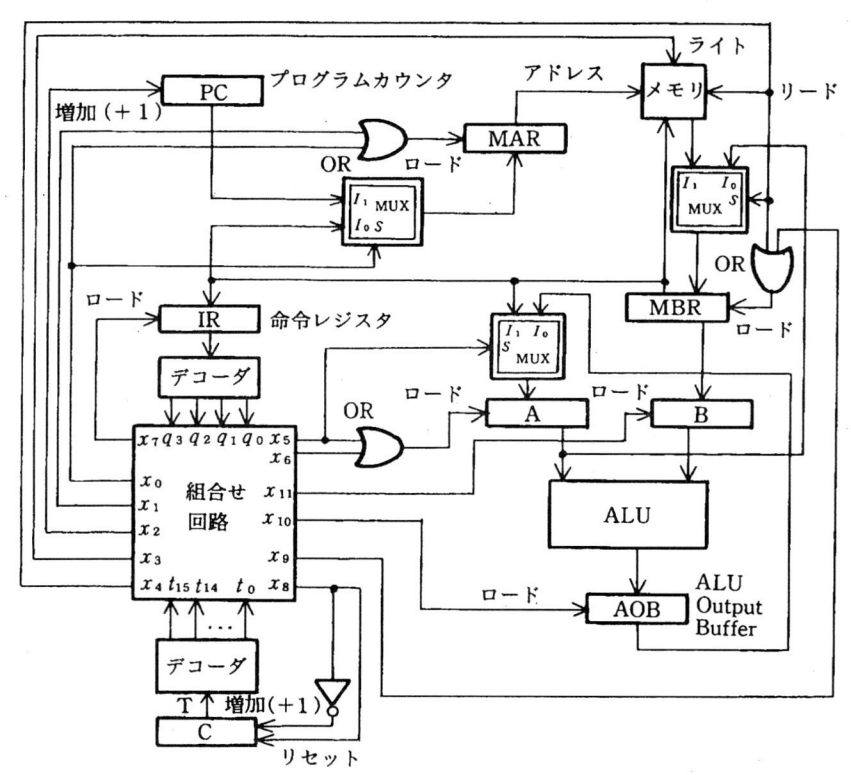

問図 5.1

問表 5.2

操作コード	命令語	機　能
00000000 ($q_0=1$)	STA　ADR	Aをアドレスで指定されるメモリにストアする．M [ADR] ←A
00000001 ($q_1=1$)	LDA　ADR	アドレスで指定されるメモリ内容を，Aにロードする．A←M [ADR]
00000010 ($q_2=1$)	NAND　ADR	Aと，アドレスで指定されるメモリの内容とのNANDをとり、その結果をAに入れる．A←$\overline{A \cdot M [ADR]}$

演習問題

なお，減算は2の補数を用いた減算に帰着させるため，ADR0に記憶されている定数データ1すなわち2進数（0…01）を利用せよ．
（2） 命令取り出しのための一連のレジスタトランスファ文を作成せよ．また，

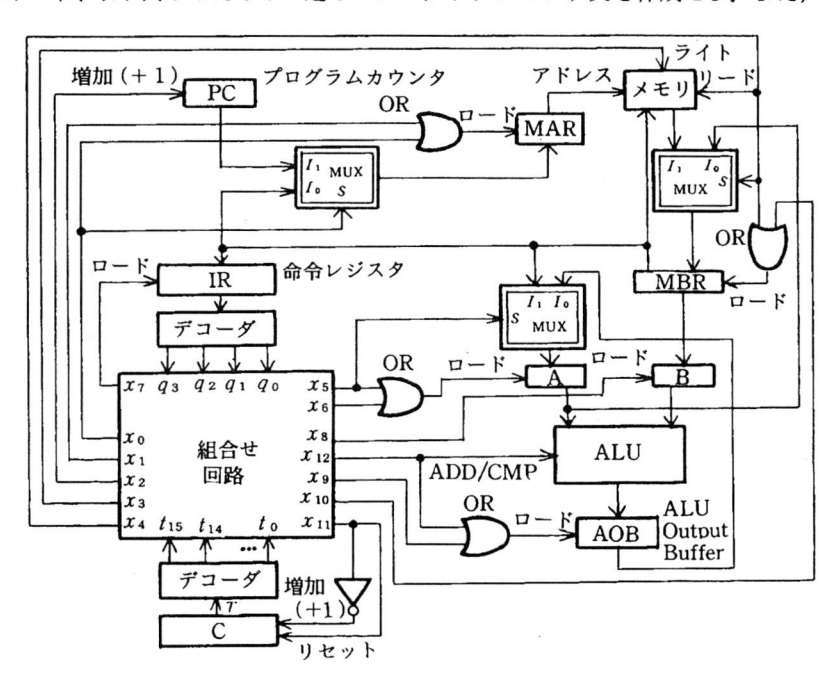

問図 5.2

問表 5.2

操作コード	命令語	機　能
00000000 ($q_0=1$)	STA　ADR	Aをアドレスで指定されるメモリにストアする．M [ADR] ← A
00000001 ($q_1=1$)	LDA　ADR	アドレスで指定されるメモリ内容を，Aにロードする．A ← M [ADR]
00000010 ($q_2=1$)	ADD　ADR	Aと，アドレスで指定されるメモリの内容との加算を行い，その結果をAに入れる．A ← A + M [ADR]
00000011 ($q_3=1$)	CMP	Aの各ビットのNOTをとり，その結果をAに入れる．A ← $\overline{A}$

問表5.2に示される命令に対して，実行サイクルのための一連のレジスタトランスファ文を作成せよ．ただし，T←0, PC←PC+1, AOB←$\overline{A}$, AOB←A+Bなどの記述を使用してよい（ここでの+は加算を示す）．

(3) 上記(2)の結果を用いて制御関数 x_k ($k=0, \cdots, 12$) の論理式を求めよ．

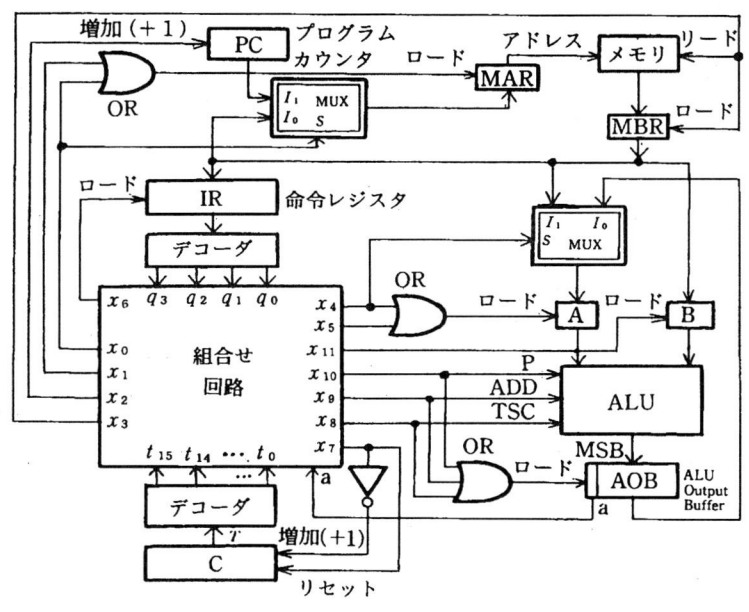

問図 5.3

問表 5.3

操作コード	命令語	機　能
00000000 ($q_0=1$)	LDA　ADR	アドレスで指定されるメモリ内容を，Aにロードする．A←M [ADR]
00000001 ($q_1=1$)	ADD　ADR	Aと，アドレスで指定されるメモリの内容との加算を行い，その結果をAに入れる． A←A+M [ADR]
00000010 ($q_2=1$)	TSC	Aの2の補数をとり，その結果をAに入れる． A←$\overline{A}$+1
00000011 ($q_3=1$)	SKIPN	Aが負のとき，プログラムの実行を1命令スキップする．ただし，スキップされる命令語にはオペランドがないとする．

ただし，ALU では $x_{12}=1$ のときは A＋R の加算が，$x_{12}=0$ のときは A の各ビットの NOT 演算 $\overline{A}$ が行われるものとする．

5. 問図5.3に示す構成のモデル計算機について次の問に答えよ．ただし，T は4ビットの2進数で表されるタイミング変数であり，対応する t_i が1となるようデコードされる．また，q_j は問表5.3で示される操作コードのデコード信号である．

 (1) 問表5.3に示される命令のみを用いて，メモリアドレス ADR1 に記憶されているデータからメモリアドレス ADR2 に記憶されているデータの減算を行い，その結果の絶対値を A レジスタに保持するプログラムを作成せよ．ただし，負のデータは2の補数で表現されているとする．また，計算機停止命令は HLT を用いよ．なお，負数のとき2の補数をとれば絶対値が得られることに着目せよ．

 (2) 命令取り出しのための一連のレジスタトランスファ文を作成せよ．また，問表5.3に示される命令に対して，実行サイクルのための一連のレジスタトランスファ文を作成せよ．ただし，$T\leftarrow 0$，$PC\leftarrow PC+1$，$AOB\leftarrow A$，$AOB\leftarrow A+B$，$AOB\leftarrow \overline{A}+1$ などの記述を使用してよい．なお，AOB の最上位ビット (MSB) すなわち符号ビットは a とするが，SKIPN の制御関数の一部として，aq_3t_4 や $\overline{a}q_3t_4$ を用いよ．

 (3) 上記 (2) の結果を用いて制御関数 x_k ($k=0, \cdots, 11$) の論理式を求めよ．ただし，ALU においては，$P=1$ のとき A の値が AOB に転送され，ADD＝1 のとき加算 A＋R が行われ，TSC＝1 のとき A の2の補数がとられるものとする．

6. 問図5.4に示す構成のモデル計算機について次の問に答えよ．ただし，T は4ビットの2進数で表されるタイミング変数であり，対応する t_i が1となるようデコードされる．また，q_j は問表5.4で示される操作コードのデコード信号である．

 (1) メモリアドレス ADR1 に記憶されているデータ x とメモリアドレス ADR2 に記憶されているデータ y とを比較し，$x=y$ の場合には $A=0$ とし，そうでない場合には，$A=x$ にする，プログラムを作成せよ．プログラムの記述には，問表5.4の命令と計算機停止命令 HLT のみを用いよ．

 (2) 命令取り出しのための一連のレジスタトランスファ文を作成せよ．また，問表5.4に示される命令に対して，実行サイクルのための一連のレジスタト

ランスファ文を作成せよ．ただし，T←0，PC ← PC+1，AOB ← A，AOB ←A−Bなどの記述を使用してよい．なお，ゼロ検出器の出力aは，A=0 の場合には$a=1$，そうでない場合には$a=0$であるとする．

(3) 上記(2)の結果を用いて制御関数 x_k ($k=0, \cdots, 9$) の論理式を求めよ．

7. 減算器などのALUを構成要素として，除算をいくつかの機械語命令で実行できる計算機を，レジスタトランスファ論理を用いて設計せよ．

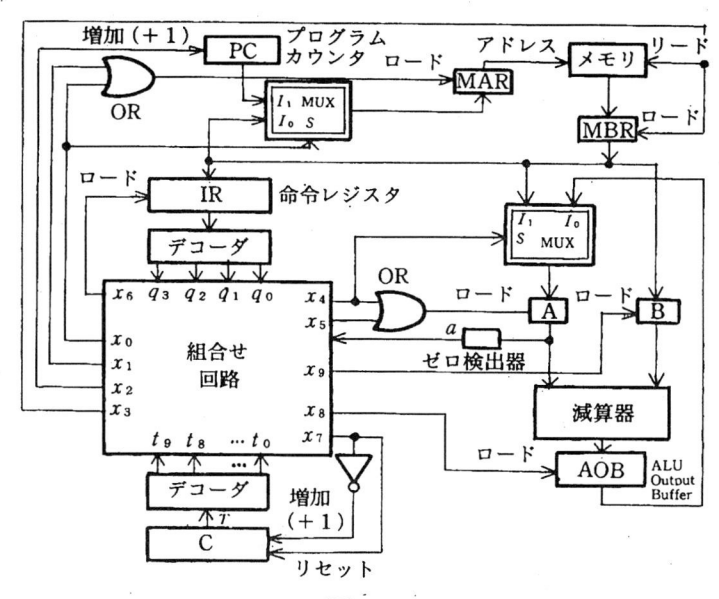

問図 5.4

問表 5.4

操作コード	命令語	機　能
00000000 ($q_0=1$)	LDA　ADR	アドレスで指定されるメモリ内容を，Aにロードする．A←M [ADR]
00000001 ($q_1=1$)	SUB　ADR	Aと，アドレスで指定されるメモリの内容との減算を行い，その結果をAに入れる．A←A−M [ADR]
00000010 ($q_2=1$)	SKIPNZ	A≠0のとき，プログラムの実行を1命令スキップする．ただし，スキップされる命令語にはオペランドがないとする．

6

順序回路の設計

順序回路では，3章で解説したように，内部状態を記憶する情報記憶回路が必要となる．これを構成要素とした順序回路の設計には，状態遷移の概念が必須である．本章では，目的の状態遷移を実現する同期式順序回路の設計方法について述べることにする．

6.1 順序回路の分類

順序回路は同期式順序回路（synchronous sequential circuit）と非同期式順序回路（asynchronous sequential circuit）の2つに分類できる．

同期式では，回路の動作タイミングが，クロックに基づいて決定される．各モジュールからの整定された出力が，確実に次ステージに転送されるように，最悪値を見込んでクロック周期が決定される．一方，非同期式ではクロックを持たず，別の方法で出力が整定したものかどうかを検出して，動作タイミングを適応的に決定していく方式である．非同期式に基づくディジタルコンピューティングは，実用システムに本格的に採用される段階には至っていない．ほとんどのシステム構成は同期式であるため，以下同期式順序回路の設計の基礎を述べる．

6.2 順序回路と状態遷移図

6.2.1 同期式順序回路のモデル

同期式順序回路のモデルは図6.1において,以下のように記述することができる.

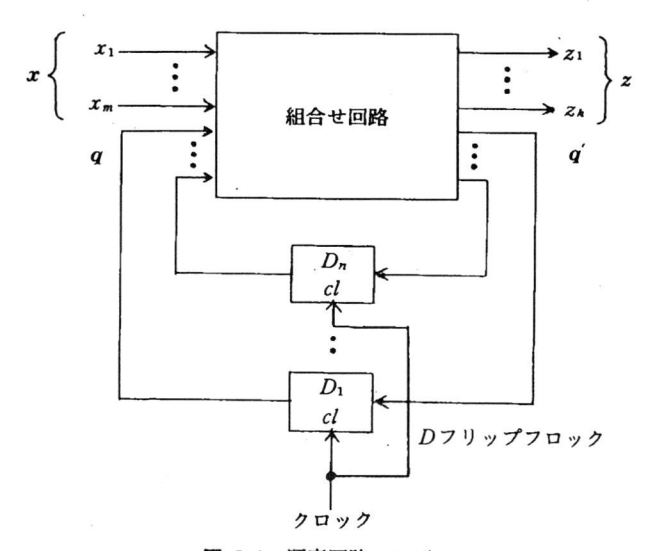

図 6.1 順序回路のモデル

Q:内部状態の集合
X:入力記号の集合
Z:出力記号の集合
δ:$Q \times X$からQへの写像(状態遷移を与える関数)
ω:$Q \times X$からZへの写像(出力を与える関数)

$x \in X$,$q \in Q$をそれぞれ入力ベクトルと状態ベクトルとすると,順序回路の出力は

$$z = \omega(x, q) \tag{6.1}$$

で与えることができる．また，1クロックによる状態遷移後の状態 $q' \in Q$ は次の状態（next state）と呼ばれるが，これは以下のようになる．

$$q' = \delta(x, q) \tag{6.2}$$

式(6.1)のように，出力 z が入力 x と現在の状態 q によって定められる順序回路は，Mealy 形順序回路と呼ばれる．一方，後述するように出力 z が状態 q' のみによって定められる順序回路としてモデル化することもでき，これは Moore 形順序回路と呼ばれる．

6.2.2 状態遷移図と状態遷移表

順序回路の設計は，状態遷移の様子を記述することが出発点になる．

例． 初期状態から始まって，入力に1回でも1が到来すると，それから出力 z は1になり，その前までは出力が0となっている順序回路を考える．今，状態を以下のように定義する．

S_0：初期状態から始まって，入力にまだ1が1回も到来していない状態

S_1：入力に1が少なくとも1回は到来した状態

また，この順序回路の入力 x と出力 z を x/z と記述することにすると，状態遷移図は図6.2のように表わすことができる．さらに，この状態遷移図を表6.1のように状態遷移表として表わすこともできる．　□

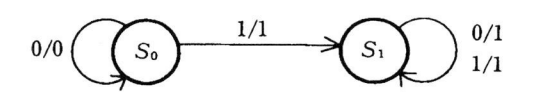

図 6.2　状態遷移図の例

表6.1　状態遷移表の例

現在の状態	次の状態		出力	
	$x=0$	$x=1$	$x=0$	$x=1$
S_0	S_0	S_1	0	1
S_1	S_1	S_1	1	1

6.2.3 Mealy形とMoore形の相互変換

（a） Moore形 → Mealy形

Moore形では，状態のみに依存して順序回路の出力が決定されるため，状態遷移図においては，状態 S_i と出力 z の組を S_i/z と記述することにする．これを Mealy 形に変換するには，入力 x と，それによる遷移先の出力を組にして，状態遷移図を作成すればよい．

例． 図6.3のように，Moore形からMealy形への変換が行える．□

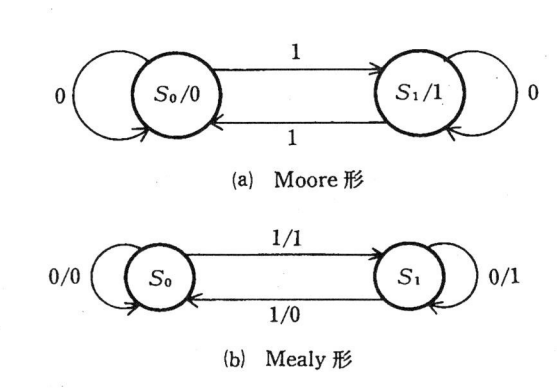

(a) Moore形

(b) Mealy形

図 6.3 Moore形からMealy形への変換例

（b） Mealy形 → Moore形

Mealy形において，遷移先の状態が同一であるにもかかわらず，そのときの出力が異なる場合は，その状態を異なる出力の数だけ分割する．すなわち，出力別に1個の状態を定義し，全体の状態遷移が等価となるように，新たな状態遷移図を作成する．

例． 図6.4のように，Mealy形からMoore形への変換が行える．□

6.2.4 状態数の最小化

等価な状態：状態 S_i, S_j に対して，任意の入力系列を加えたとき全く同じ出力を与えるならば，S_i と S_j は等価であるという．等価な状態を求める方法として，以下に示す Huffman-Mealy の方法が知られている．

6.2 順序回路と状態遷移図

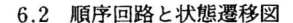

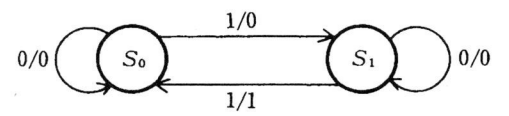

(a) Mealy 形

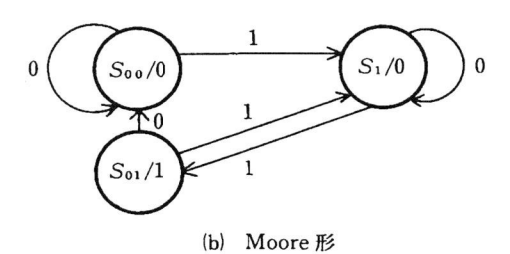

(b) Moore 形

図 6.4 Mealy 形から Moore 形への変換例

Huffman-Mealy の方法

(**ステップ1**)　入力変数ベクトル $X = (x_1, \cdots, x_m)$ の各変数に定数を与えたすべての組合せ $\{X_1, \cdots, X_{2^m}\}$ に対する応答 $\{Z_1, \cdots, Z_{2^m}\}$ を調べ、出力応答パターンを同じにする状態を集めて1つの類とする。この類を $G_1, \cdots, G_\nu$ とする。

(**ステップ2**)　類 G_i ($i=1, \cdots, \nu$) の中の各状態について、$X_1, \cdots, X_{2^m}$ の遷移先の状態の類 $G(X_1), \cdots, G(X_{2^m})$ を調べ、これらが同じになるものどうしが1つになるように、類 G_i をさらに分割する。G_i の分割を $G_{i1}, G_{i2}, \cdots, G_{ij}$ とする。

(**ステップ3**)　ステップ2の操作を、新たな分割が生じなくまるまで続ける。このようにして求まった同じ類の状態は、互いに等価である。

例.

現在の状態	次の状態		出力 z_1z_2	
	$x=0$	$x=1$	$x=0$	$x=1$
q_1	q_2	q_3	00	01
q_2	q_1	q_4	00	01
q_3	q_5	q_2	11	01
q_4	q_5	q_1	11	01
q_5	q_5	q_5	00	01

（ステップ1）

	現在の状態	次の状態		出力 z_2z_2	
		$x=0$	$x=1$	$x=0$	$x=1$
	q_1	q_2	q_3	00	01
G_1	q_2	q_1	q_4	00	01
	q_5	q_5	q_5	00	01
G_2	q_3	q_5	q_2	11	01
	q_4	q_5	q_1	11	01

（ステップ2）

	現在の状態	次の状態	
		$x=0$	$x=1$
	q_1	$q_2 \Leftrightarrow G_1$	$q_3 \Leftrightarrow G_2$
G_1	q_2	$q_1 \Leftrightarrow G_1$	$q_4 \Leftrightarrow G_2$
	q_5	$q_5 \Leftrightarrow G_1$	$q_5 \Leftrightarrow G_1$
G_2	q_3	$q_5 \Leftrightarrow G_1$	$q_2 \Leftrightarrow G_1$
	q_4	$q_5 \Leftrightarrow G_1$	$q_1 \Leftrightarrow G_1$

G_1 を G_{11} と G_{12} に分割

（ステップ3）

	現在の状態	次の状態	
		$x=0$	$x=1$
G_{11}	q_1	$q_2 \Leftrightarrow G_{11}$	$q_3 \Leftrightarrow G_2$
	q_2	$q_1 \Leftrightarrow G_{11}$	$q_4 \Leftrightarrow G_2$
G_{12}	q_5	$q_5 \Leftrightarrow G_{12}$	$q_5 \Leftrightarrow G_{12}$
G_2	q_3	$q_5 \Leftrightarrow G_{12}$	$q_2 \Leftrightarrow G_{11}$
	q_4	$q_5 \Leftrightarrow G_{12}$	$q_1 \Leftrightarrow G_{11}$

この結果得られた圧縮された状態遷移図は，図6.5のようになる．□

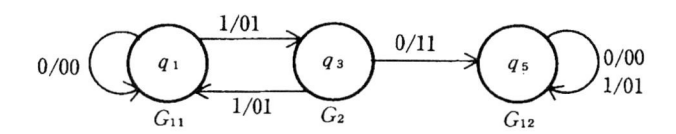

図 6.5 等価な状態遷移図

6.3 状態割当と順序回路の設計

各状態を識別するために，各状態に符号を割り当てる．その符号長（nビット）すなわち状態変数の数 n は，状態数 m に対して以下のように与えられる．

$$n = \log_2 m \text{の小数部を切り上げた整数} \tag{6.3}$$

例．図6.2あるいは表6.1の順序回路の設計を考える．

① 状態割当

$$S_0 \Leftrightarrow 0, \quad S_1 \Leftrightarrow 1$$

の割当を考える．現在の状態を表わす状態変数を $y \in \{0, 1\}$，次の状態を表わす状態変数を $Y \in \{0, 1\}$ とする．表6.1より，次の状態への遷移を与える関数，すなわち状態遷移関数 Y と出力 z が得られる．

表6.2 状態遷移関数と出力関数の組合せ表

$y \backslash x$	0	1
0	0	1
1	1	1

（a） Y の組合せ表

$y \backslash x$	0	1
0	0	1
1	1	1

（b） z の組合せ表

② 励起関数と出力関数の作成

次の状態への遷移を可能にするためには，フリップフロップの入力に，所望の関数を接続する必要がある．このフリップフロップ入力へ接続される関数は，励起関数（excitation function）と呼ばれる．

ここでは，順序回路の記憶要素としてDフリップフロップを用いた設計を考える．Dフリップフロップの特性方程式は，式(6.4)で与えられる．

$$Q^{n+1} = D \tag{6.4}$$

式(6.2)で示されるように，次の状態 $q' = \delta(x, q)$ への遷移を実現するためには，Dフリップフロップの入力Dに，状態遷移を与える関数 δ を接続すればよい．これは，Q^{n+1} が q' に，Dフリップフロップの入力Dが $\delta(x, q)$ に対応することから容易にわかることである．

表6.2より，状態遷移を与える関数 Y，すなわち励起関数 D と，出力 z が得られる．

$$Y = D = x + y$$
$$z = x + y$$

③ 順序回路の構成図

Dフリップフロップを用いて，図6.6に示すように，順序回路を構成できる．この場合は，励起関数と出力関数が一致している．

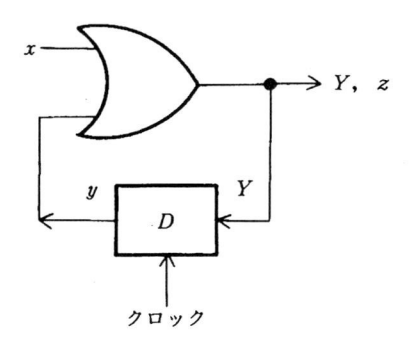

図 6.6 設計された順序回路

6.4 JKフリップフロップを用いた順序回路の設計

JKフリップフロップを記憶要素とした場合を考える．JKフリップフロップの特性方程式は，式(3.2)のように $Q^{n+1} = J\overline{Q^n} + Q^n\overline{K}$ で与えられた．

6.4 JKフリップフロップを用いた順序回路の設計

これより,以下の4通りの遷移をさせるための,入力J, Kの条件が導かれる.

① $Q^n = 0 \rightarrow Q^{n+1} = 0$ の遷移

　　$J = 0$ (Kは0,1どちらでもよい don't care)

② $Q^n = 0 \rightarrow Q^{n+1} = 1$ の遷移

　　$J = 1$ (Kは0,1どちらでもよい don't care)

③ $Q^n = 1 \rightarrow Q^{n+1} = 0$ の遷移

　　$K = 1$ (Jは0,1どちらでもよい don't care)

④ $Q^n = 1 \rightarrow Q^{n+1} = 1$ の遷移

　　$K = 0$ (Jは0,1どちらでもよい don't care)

Dフリップフロップを用いた順序回路の場合は,Q^{n+1}すなわちDに入力する励起関数を求めればよかったが,JKフリップフロップの場合は,JとKに入力する励起関数を求める必要がある.そのためには,所望の遷移$Q^n \rightarrow Q^{n+1}$を可能にするJ, Kの条件を,①〜④に基づき求めればよい.これにより,JKフリップフロップの機能を有効に活用した順序回路を設計できる.

例.JKフリップフロップを用いた同期式3進カウンタの設計

このカウンタのパルス入力をxとし,入力パルスはクロックに同期しているものとする.この順序回路の状態遷移表は表6.3のように記述できる.

表6.3 3進カウンタの状態遷移表

現在の状態	次の状態		出力	
	$x=0$	$x=1$	$x=0$	$x=1$
S_0	S_0	S_1	0	0
S_1	S_1	S_2	0	0
S_2	S_2	S_0	0	1

状態変数をy_1,y_2とし,以下のように計数値を2進数に対応させる状態割当を考える.

　　$S_0 \Leftrightarrow y_2 = 0$,$y_1 = 0$

　　$S_1 \Leftrightarrow y_2 = 0$,$y_1 = 1$

$S_2 \Leftrightarrow y_2 = 1, y_1 = 0$

表6.4は，上記状態割当に基づき，状態遷移を与える関数Y_1, Y_2の組合せ表である．ただし，dはdon't careである．

表6.4 状態遷移関数の組合せ表

y_2y_1	Y_2		Y_1	
	$x=0$	$x=1$	$x=0$	$x=1$
00	0	0	0	1
01	0	1	1	0
10	1	0	0	0
11	d	d	d	d

さらに，状態変数y_1からY_1への遷移を可能にする，JKフリップフロップの入力をJ_1, K_1とする．同様に，状態変数y_2からY_2への遷移を可能にする，JKフリップフロップの入力をJ_2, K_2とする．すなわち，Y_1の代りにJ_1, K_1の励起関数，Y_2の代りにJ_2, K_2の励起関数を作る．

表6.5 JKフリップフロップ入力に対する励起関数

y_2y_1	J_2K_2		J_1K_1	
	$x=0$	$x=1$	$x=0$	$x=1$
00	0 d	0 d	0 d	1 d
01	0 d	1 d	d 0	d 1
10	d 0	d 1	0 d	0 d
11	d d	d d	d d	d d

これより，各励起関数は以下のようになる．

$J_1 = x\overline{y_2}$, $K_1 = x$, $J_2 = y_1 x$, $K_2 = x$

このことは，以下を意味している．

- $x=1$のときは，$J_1 = \overline{y_2}$, $K_1 = 1$, $J_2 = y_1$, $K_2 = 1$
- $x=0$のときは，$J_1 = 0$, $K_1 = 0$, $J_2 = 0$, $K_2 = 0$であり，

JKフリップフロップのクロック端子を0にしたことと等価である．
また，出力zは以下のようになる．

$z = xy_2$

このようにして設計された回路を，図6.7に示す．この回路は，入力 x が JK フリップフロップのクロック端子に印加されるため，一定周期のクロックが不要となっている．□

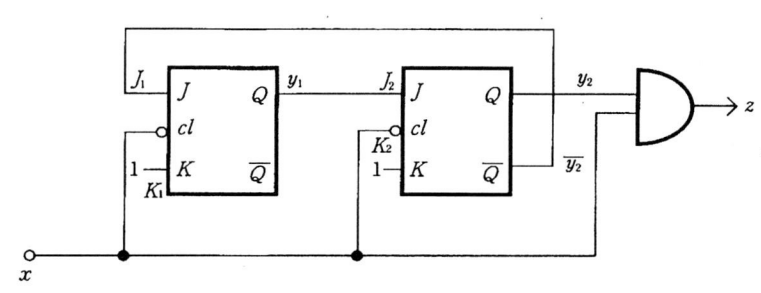

図 6.7 JK フリップフロップを用いた同期式3進カウンタ

6.5 順序回路と正規表現

正規表現（regular expression）を用いると，入力系列に着目した順序回路の記述と設計が可能になる．

今，状態 q_I から出発し，最終状態が $q_i \in Q$ となる入力系列 $\tilde{x}$ の集合を $\tilde{X}(q_i)$ とする．ただし δ は，状態 q_I においてクロックに同期した入力系列 $\tilde{x}$ が印加されたときの複数クロックサイクル後の状態遷移を表す関数である．

$$\tilde{X}(q_i) = \{\tilde{x} \mid \delta(\tilde{x}, q_I) = q_i\} \tag{6.5}$$

[定義] 任意の入力系列集合 $\tilde{X}_1, \tilde{X}_2$ に関して

(1) 和集合 $\tilde{X}_1 \vee \tilde{X}_2 = \{\tilde{x} \mid \tilde{x} \in \tilde{X}_1 \text{ あるいは } \tilde{x} \in \tilde{X}_2\}$ (6.6)

(2) 連接 $\tilde{X}_1 \tilde{X}_2 = \{\tilde{x} \mid \tilde{x} = \tilde{x}_1 \tilde{x}_2, \tilde{x}_1 \in \tilde{X}_1, \tilde{x}_2 \in \tilde{X}_2\}$

一方が空集合ならば，連接は空集合である． (6.7)

[定義] 定数 $a \in \{0, 1\}$ に対して

$$a^* = \lambda \vee a \vee aa \vee \cdots \tag{6.8}$$

また，定数 a を入力系列集合 $\tilde{X}_1$ に拡張し

$$\tilde{X}_1{}^* = \lambda \vee \tilde{X}_1 \vee \tilde{X}_1 \tilde{X}_1 \vee \cdots \tag{6.9}$$

また，以下のような特別の系列を示す．

λ：長さ0の入力系列（便宜上，初期状態を表わす）

ϕ：空集合

[定義] 今，対象としている順序回路において，ある長さの入力系列が入り，出力に1が生じたとき（あるいは，あらかじめ定められている最終状態の集合Fに状態遷移したとき），この有限状態機械は入力系列を認識した，あるいは受理したと言う．

[定義] 正規表現
（1） 1つの文字および記号ϕ，λは正規表現である．
（2） もし，PとQが正規表現ならば，$(P \vee Q)$，(PQ)およびP^*も正規表現である．
（3） （1）および（2）を有限回用いて作られるものが正規表現であり，これ以外のものは正規表現でない．

正規表現によって表わされる系列の集合を，正規集合 (regular set) という．有限状態機械によって受理される系列の集合は，正規集合である．また，任意の正規集合に対して，これを受理するような有限状態機械が存在する．

例．初期状態から1回でも1が入ると，それ以後は常に出力1が出る順序回路を考える．この状態遷移図は図6.8となり，この順序機械が認識する系列の集合は，以下となる．

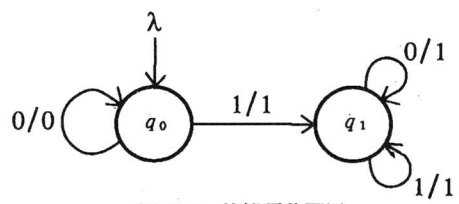

$0^* 1 \ (0 \vee 1)^*$ □

図 6.8 状態遷移図(1)

例．初期状態から1が継続して入っている間は，出力が1であり，1回でも0が入力されると出力は，それ以後0となる順序回路を考える．この状態遷移図（2）は，図6.9となり，この順序機械が認識する系列の集合は，以下となる．

6.5 順序回路と正規表現

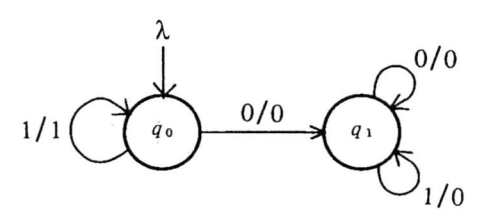

図 6.9 状態遷移図(2)

$1 \vee 11 \vee 111 \vee \cdots = 1*1 = 11*$ □

例. 図6.10の状態遷移図(3)に対する順序回路を認識する系列の集合は，以下となる．

$(1 \vee 00 \vee 01)*1$ □

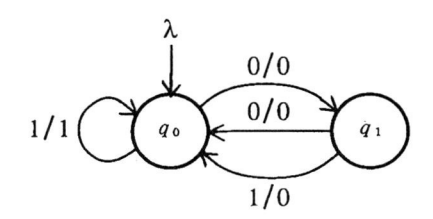

図 6.10 状態遷移図(3)

例. 図6.11の状態遷移図(4)に対する順序回路を認識する系列の集合を求める．状態が q_1 となるための入力系列の集合 $\widetilde{X}(q_1)$ は，q_0 から q_1 に遷移し，そのまま q_1 に留まる入力系列の集合を，$\widetilde{X}(q_0)$ に連接させればよいから，以下のようになる．

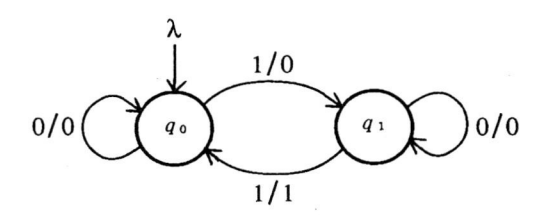

図 6.11 状態遷移図(4)

$$\widetilde{X}(q_1) = \widetilde{X}(q_0) \ (1 \lor 10 \lor 100 \lor \cdots)$$
$$= \widetilde{X}(q_0) \ 1 \ (\lambda \lor 0 \lor 00 \lor \cdots)$$
$$= \widetilde{X}(q_0) \ 10^*$$

次に $\widetilde{X}(q_0)$ を求めるために，q_0 から q_1 に至り，再び q_0 へ戻る状態遷移を考える．この遷移を与える入力系列の集合は，以下のようになる．

$$11 \lor 101 \lor 1001 \lor \cdots$$
$$= 1 \ (\lambda \lor 0 \lor 00 \lor \cdots) \ 1$$
$$= 10^* \ 1$$

したがって，等価な状態遷移図(5)が，図6.12のように得られる．

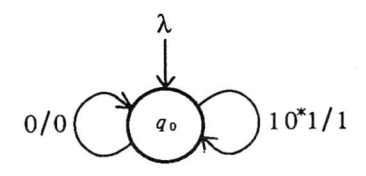

図 6.12 状態遷移図(5)

$$\widetilde{X}(q_0) = \lambda \lor (0 \lor 10^* 1) \lor (0 \lor 10^* 1)(0 \lor 10^* 1) \lor \cdots$$
$$= (0 \lor 10^* 1)^*$$

ゆえに，

$$\widetilde{X}(q_1) = (0 \lor 10^* 1)^* 10^*$$

であり，出力が1となる入力系列の集合は

$$\widetilde{X}(q_1) \ 1 = (0 \lor 10^* 1)^* 10^* 1$$

となる．　□

例． 図6.13(a)の状態遷移図(6)に対する順序回路において，状態 q_2 への遷移を認識する入力系列の集合を求める．

状態 q_1 から状態 q_2 を通過して，q_1 と q_0 へ遷移する経路を分けて考えると，等価な状態遷移図は(b)のようになる．したがって，さらに等価な状態遷移図である図6.12(c)が得られる．これらより，

$$\widetilde{X}(q_2) = \widetilde{X}(q_1) \ 0$$

6.5 順序回路と正規表現

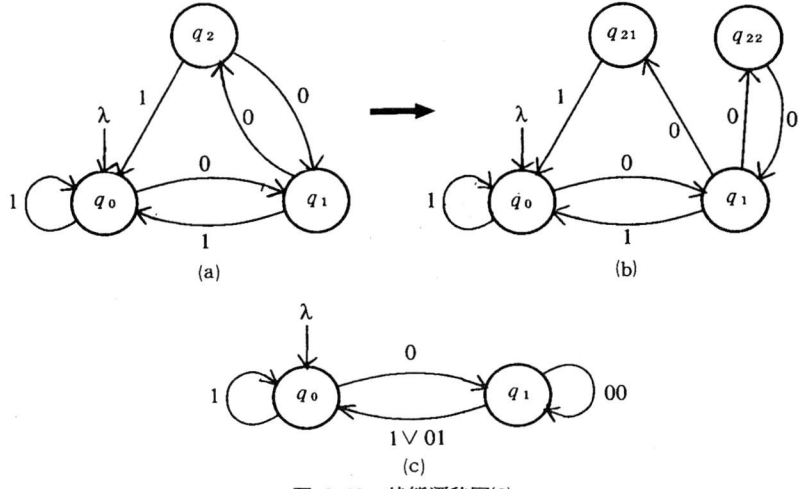

図 6.13 状態遷移図(6)

$\widetilde{X}(q_1) = \widetilde{X}(q_0)\, 0\, (00)^*$

$\widetilde{X}(q_0) = (\,1\, \vee\, 0\, (00)^*(\,1\, \vee 01\,)\,)^*$

となる．ゆえに

$\widetilde{X}(q_2) = (\,1\, \vee\, 0\, (00)^*(\,1\, \vee 01\,)\,)^*\, 0\, (00)^*\, 0$　□

　以上のようにして正規集合が得られたならば，これに基づいた順序回路をどのように構成するかを以下に述べる．図6.14は，正規表現の基本要素を実現する論理回路図を示している．各基本要素のDフリップフロップの初期状態は0であるとする．

・「ϕ」は，空集合であるため，常に0を出力し続ける．

・「λ」は，初期値のみ1で，それ以降は0になる．

・「1」は，$\lambda = 1$のときと同期して入力が$x = 1$になれば，1クロック後すなわち単位遅延後に出力が1になる．また，それ以外のときは出力は0である．

・「0」は，$\lambda = 1$のときと同期して入力が$x = 0$になれば，1クロック後すなわち単位遅延後に出力が1になる．また，それ以外のときは出力は0である．

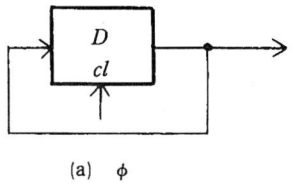

122   6. 順序回路の設計

(a) ϕ

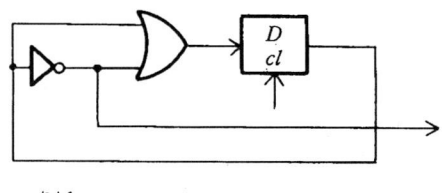

(b) λ

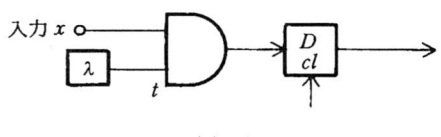

(c) 1

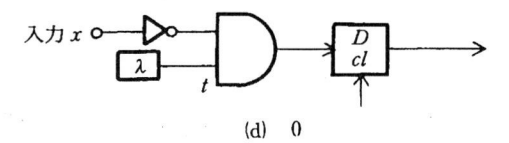

(d) 0

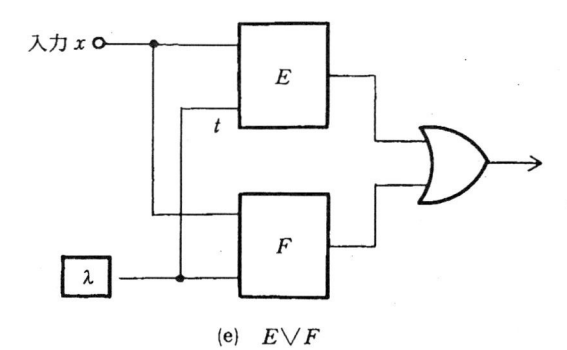

(e) $E \vee F$

(f) EF

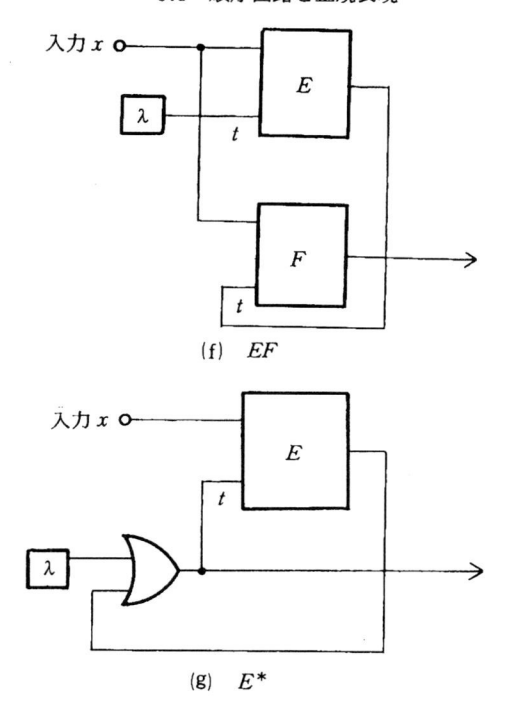

(g) E^*

図 6.14　正規表現に対する基本回路

- 「$E \vee F$」は，$\lambda=1$ のときと同期して，E あるいは F の出力の少なくともどちらかが 1 になれば，出力が 1 になる．また，それ以外のときは出力は 0 である．
- 「EF」は，E の認識がなされ，その出力が 1 となった後に引き続き，F の認識がなされれば，出力は 1 になる．
- 「E^*」は，$\lambda=1$ か，あるいは E の認識がなされ，その出力が 1 となっている限り，出力は 1 を継続する．ただし，1 回でも上記条件が途絶えると，出力は 0 になり，二度と 1 にはなり得ない．

正規表現に従ってこれらの基本回路を組み合わせれば，所望の順序回路を構成することができる．図6.15に（$0 \vee 11$)* に対する構成例を示す．正規表現から得られる順序回路は，必要とされるDフリップフロップの数は，かなり多

124   6. 順序回路の設計

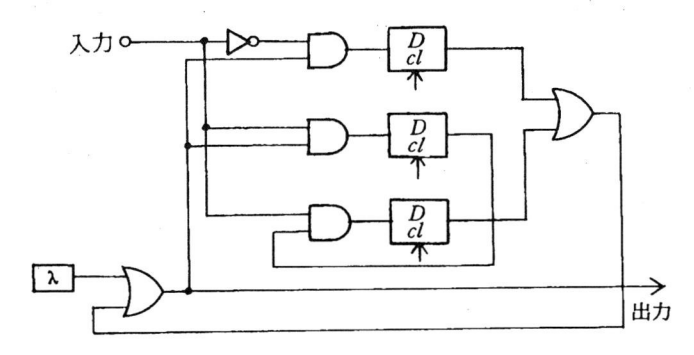

図 6.15　$(0 \vee 11)^*$

くなりがちであるが，7種類の基本要素回路のみを組み合わせるだけで実現できるという特徴を有している．

例． 図6.16の状態遷移図で与えられる4進カウンタの設計を考える．

$$\tilde{X}(q_1) = \tilde{X}(q_0)\ 10^*$$
$$\tilde{X}(q_2) = \tilde{X}(q_1)\ 10^*$$
$$\tilde{X}(q_3) = \tilde{X}(q_2)\ 10^*$$
$$\tilde{X}(q_0) = (0 \vee 10^*10^*10^*1)^*$$

ゆえに，出力1となる系列は

$$\tilde{X}(q_3)\ 1 = (0 \vee 10^*10^*10^*1)^*10^*10^*10^*1$$

となる．これより，この順序回路は図6.17のような構成になる．□

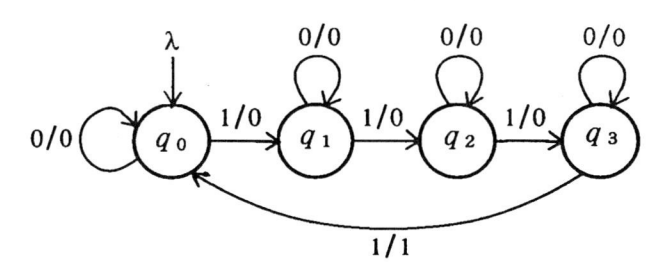

図 6.16　4進カウンタの状態遷移図

6.5 順序回路と正規表現

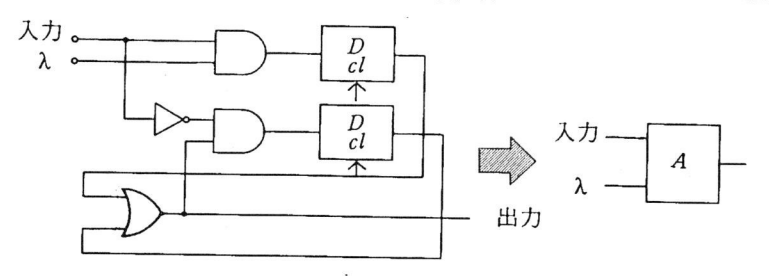

(a) 10^* の回路ブロック

(b) 4進カウンタの回路構成

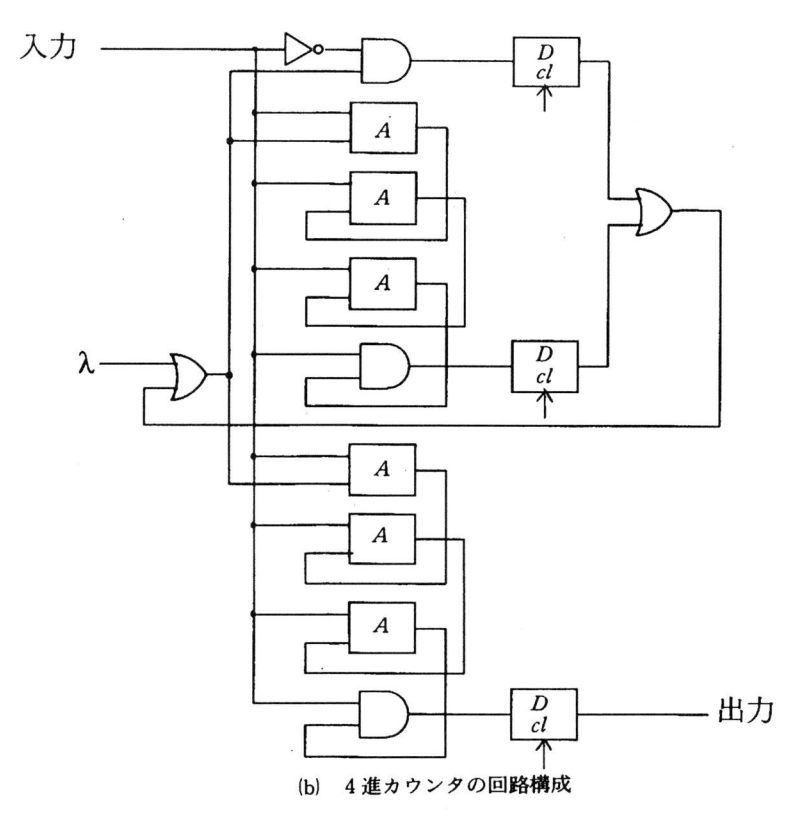

図 6.17 正規表現に基づく4進カウンタの回路構成

演習問題

1. 問表6.1の状態遷移表において，状態数の圧縮を行え．

問表6.1

現在の状態	次の状態		出力	
	$x=0$	$x=1$	$x=0$	$x=1$
S_0	S_2	S_3	0	0
S_1	S_1	S_1	1	0
S_2	S_1	S_6	1	0
S_3	S_4	S_5	0	0
S_4	S_1	S_0	1	0
S_5	S_2	S_3	0	0
S_6	S_4	S_5	0	0

2. 問図6.1のMealy形順序回路の状態遷移図について，下記の問に答えよ．
   (1) 適当な状態割当に基づき，このMealy形順序回路を設計せよ．
   (2) この順序回路の出力が1となる入力系列の集合を正規表現を与えよ．
   (3) この順序回路と等価なMoor形順序回路の状態遷移図を求めよ．

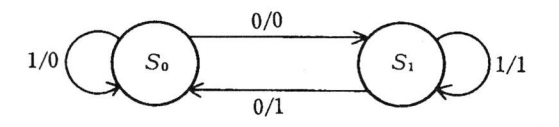

問図 6.1

3. JKフリップフロップを用いた5進カウンタを設計せよ．
4. x_i と y_i がクロックに同期して，$i=0,1,\cdots,n-1$ の順に到来する2値系列 $x_0 x_1 \cdots x_{n-1}$ と $y_0 y_1 \cdots y_{n-1}$ を考える．この2つの系列に対するハミング距離を，10進数で出力するシステムについて，以下の問に答えよ．
   (1) x_i と y_i の排他的論理和を出力する組合せ回路を，2入力NORゲートのみを用いた論理回路図で示せ．
   (2) 上記組合せ回路の出力を入力とする，ある種の同期式5進カウンタ（mod5カウンタ）を考える．この5進カウンタの計数入力の1の個数を c とする．

この5進カウンタは，c が5の倍数になるごとに桁上げ1となる1ビット出力を有している．また，$c \bmod 5$ に対応する5状態は，3ビット2進数で表現されるものとする．Dフリップフロップと AND，OR，NOT の各ゲートを構成要素とする，できるだけ簡単な5進カウンタを設計し，出力式と状態遷移を与える状態式を求めよ．

(3) 上記5進カウンタの桁上げ出力をさらに入力として，同様な同期式2進カウンタ（mod2カウンタ）を縦続接続すれば，10進1桁を表す4ビット符号を生成できる．排他的論理和回路，5進カウンタおよび2進カウンタを用いて，系列長が99，すなわち10進2桁までの入力に対するハミング距離を計算するシステムの構成図を描け．ただし，3種類のモジュールは適当な記号を用いよ．

5．問図6.2に示す，JKフリップフロップを用いた同期式カウンタについて，下記の問に答えよ．

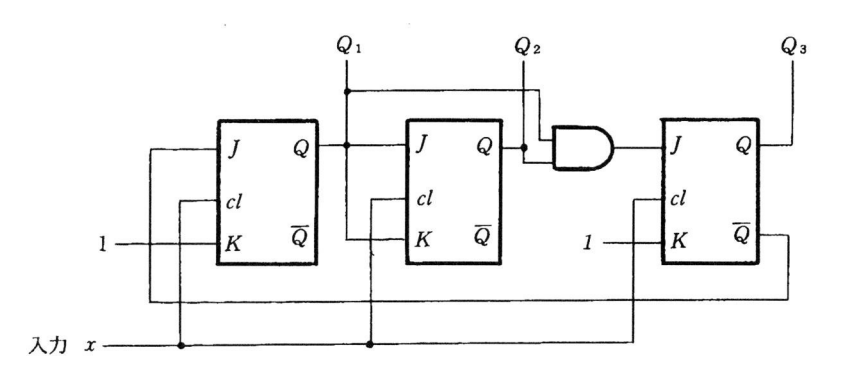

問図 6.2

(1) JKフリップフロップの初期状態を $Q_1 = 0$，$Q_2 = 0$，$Q_3 = 0$ とする．この初期状態から出発して，入力に6個のパルスが到来するまでの，状態 Q_1，Q_2，Q_3 のタイムチャートを描け．
(2) このカウンタの動作を同期式順序回路としてモデル化したときの状態遷移図を作成し，記憶要素としてDフリップフロップを用いた同期式順序回路を設計せよ．ただし，入力 x に同期したクロックは利用できるものとする．

6. 100円玉を入力とし，200円の品物を出力とする自動販売機に対して，同期式順序回路モデルを考える．ここで，入力は $x=0$ のとき100円玉が投入されない，$x=1$ のとき100円玉が投入されるとする．また，出力は $z=0$ のとき品物が出ない，$z=1$ のとき品物が出るとする．以下の問に答えよ．

(1) この順序回路の状態遷移図を作成せよ．ただし，100円玉がまだ1個も入力されていない状態を S_0，100円玉が1個入力されている状態を S_1 とせよ．

(2) 順序回路の記憶要素として，D形フリップフロップを用いるものとする．状態 S_0 に $y=0$ を，状態 S_1 に $y=1$ の状態変数を割り当てることにより，この順序回路の状態遷移を与える状態式および出力 z を与える出力式を，AND, OR, NOT を用いた表現により求め，この順序回路を設計せよ．

7. クロックに同期して直列に1ビットずつ到来する入力系列に対して，1000の部分系列を検出するごとに1を出力し，その他の場合は0を出力する同期式順序回路について以下の問に答えよ．

(1) 初期状態を S_0，入力系列の1までを検出した状態を S_1，10まで検出した状態を S_2，100までを検出した状態を S_3 としたとき，この順序回路の状態遷移図を求めよ．

(2) 記憶要素として最小個数のDフリップフロップを用いるとともに，状態 S_0 に $y_0=0$，$y_1=0$，状態 S_1 に $y_0=1$，$y_1=0$，状態 S_2 に $y_0=0$，$y_1=1$，状態 S_3 に $y_0=1$，$y_1=1$ を割り当てる．この順序回路の状態遷移を与える状態式および出力を与える出力式を設計せよ．また，この順序回路全体の構成を示すブロック図を描け．

8. クロックに同期して直列に1ビットずつ到来する入力系列に対して，010を検出するごとに1を出力し，その他の場合は0を出力する同期式順序回路を考える．たとえば，系列1101010110では下線部でのみ1を出力する．以下の問に答えよ．

(1) 初期状態を S_0，0を検出した状態を S_1，01を検出した状態を S_2 とするとき，この順序回路の状態遷移図を求めよ．

(2) 記憶要素として最小個数のDフリップフロップを用いてこの順序回路を実現するため，状態 S_0 に $y_0=0$，$y_1=0$，状態 S_1 に $y_0=1$，$y_1=0$，状態 S_2 に $y_0=0$，$y_1=1$ を割り当てる．また，入力変数を x，出力変数を z と

する．この順序回路の状態遷移を与える状態式および出力を与える出力式を設計せよ．さらに，AND，OR，NOTとDフリップフロップを用いて，この順序回路全体の構成を示すブロック図を描け．
（3）この順序回路の出力が1となる入力系列の集合を表す正規表現を示せ．

9. クロックに同期して直列に1ビットずつ到来する入力系列に対して，0で始まり1で終わる長さ3の部分系列を検出するごとに1を出力し，その他の場合は，0を出力する同期式順序回路を考える．たとえば，入力系列101101001110では下線部でのみ1を出力する．以下の問に答えよ．
（1）初期状態を S_0，0を検出した状態を S_1，01を検出した状態を S_2，00を検出した状態を S_3 とするとき，この順序回路の状態遷移図を求めよ．
（2）記憶要素として最小個数のDフリップフロップを用いてこの順序回路を実現するため，状態 S_j に状態変数ベクトル $(y_1, y_0) = (j)_2$（jの2進数表示）を割り当てる（y_0 が下位ビット）．また，入力変数を x，出力変数を z とする．この順序回路の状態遷移を与える状態式，および出力を与える出力式を設計せよ．さらに，AND，OR，NOTとDフリップフロップを用いてこの順序回路全体の構成を示すブロック図を描け．

10. クロックに同期して直列に1ビットずつ到来する入力系列に対して，01の部分系列を検出するごとに1を出力し，その他の場合は0を出力する同期式順序回路について以下の問に答えよ．
（1）この順序回路の状態遷移図を求めよ．
（2）記憶要素として最小個数のDフリップフロップを用いて，この順序回路の状態遷移を与える状態式，および出力を与える出力式を設計せよ．また，この順序回路全体の構成を示すブロック図を描け．
（3）この順序回路の出力が1となる入力系列の集合を，正規表現を用いて表せ．また，この正規表現に対応する論理回路図を示せ．

11. 1ビットずつ直列に到来する入力系列において，0101の部分列を検出するごとに出力1，その他の場合0を出力する順序回路を設計せよ．ただし，検出すべき部分列を $abcd$ すなわち $a=0$，$b=1$，$c=0$，$d=1$ とするとき，以下の状態を定義する．

S_1：a までを検出した状態

S_2: ab までを検出した状態

S_3: abc までを検出した状態

S_0: その他の状態

なお, 入出力系列の例を以下に示す.

入力系列： 1001010110101⋯

出力系列： 0000010100001⋯

12. 2値入力系列 $x_1 x_2 \cdots x_i \cdots$ に対して, 各 i についての i けたの 2 進数 $X_i = (x_1 x_2 \cdots x_i)$ を考える. ただし, 2 進数 X_i は $|X_i| = \sum_{k=0}^{i-1} x_{i-k} 2^k$ の数値を表す. 出力系列 $z_1 z_2 \cdots z_i \cdots$ が

$$z_i = \begin{cases} 1 & |X_i| \text{が 3 の倍数になっているとき} \\ 0 & \text{その他のとき} \end{cases}$$

のように定義される 1 入力 1 出力の同期式順序回路を設計せよ.

7 演算システムの構成

7.1 数値の表現法

n ビットの2進数では,正数は以下のように表現できることはすでに序論で説明した.

非負の整数である2進数 $(x_{n-1}, x_{n-2}, \cdots, x_0)$ に対する数値 X は

$$X = x_{n-1}2^{n-1} + x_{n-2}2^{n-2} + \cdots + x_0 2^0 \tag{7.1}$$

正数に関しては,この表現法に一貫して従うことは,以下の議論でも共通である.負数を含めた整数の表現法の相違により,符号・絶対値表現 (sign-and-magnitude representaion), 1の補数 (1's complement), 2の補数 (2's complement) などが知られている.

7.1.1 符号・絶対値表現

図7.1のように,最上位ビットを符号ビットとして,これが0のとき正,1

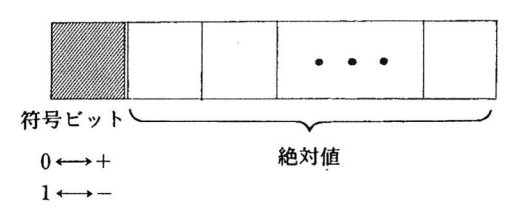

図 7.1 符号・絶対値表現

のとき負という定義のもとに，絶対値と組にして，正負整数を表現する方法である．これは，我々の日常において使用される10進数においても慣れ親しんでいる表現である．

例． 10進数での10と-10は，8ビットでの符号・絶対値表現で以下のようになる．ここで，$(X)_{10}$は10進数表示であることを示している．

$(10)_{10}$: 00001010

$(-10)_{10}$: 10001010 □

7.1.2　1の補数表現

1の補数表現では，負数は，その絶対値に対して各ビットを反転した表現とする．図7.2は，EXOR（Exclusive-OR：排他的論理和）を用いた1の補数を生成する回路である．

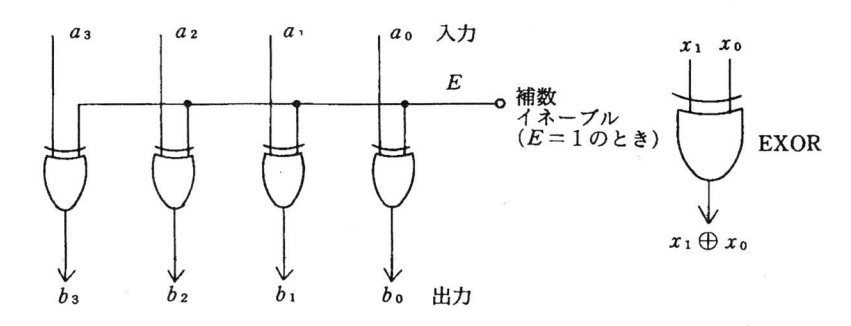

図 7.2　1の補数器

負数では最上位ビットが1となることは，符号・絶対値表現と同じである．各ビットを反転することにより1の補数を生成することは，$11\cdots 11$（nビット全部が1）から絶対値を減算すると解釈することもできる．絶対値をAとすると，Aに対する1の補数を2進数とみなし，式（7.1）の正数値へ換算したA_1は以下のようになる．

$$A_1 = (2^n - 1) - A \tag{7.2}$$

これを，$-A$という数値に変換するためには式（7.3）のようにすればよい．

$$-A = A_1 - (2^n - 1) \tag{7.3}$$

式(7.3)は

$$-A = -(2^{n-1} - 1) + (A_1 - 2^{n-1})$$

となるので，最上位ビットすなわち符号ビットの重みは$-(2^{n-1}-1)$とし，それ以降の下位ビットは$2^{n-2}\cdots 2^0$の重みをもつ2進数すなわち$A_1 - 2^{n-1}$として，それらの和を計算すれば$-A$が得られることを示している．

例．1の補数による-10の表現

-10の絶対値が$(10)_{10} = 00001010$となるので，各ビットを反転し

$$(-10)_{10} = 11110101$$

が1の補数となる．1の補数表現では，$(10)_{10}$と$(-10)_{10}$に対して通常の2進数の加算を実行すると，11111111となる．00000000の結果を得るためには，さらに+1の加算を後続させればよい（このとき，桁あふれ（オーバフロー）は無視する）．同様に，正数と負数との加算を行う場合は，+1の加算を後続させる必要があり，演算操作が複雑となりがちである．

また，$-(2^7-1) + 2^6 + 2^5 + 2^4 + 2^2 + 2^0 = -10$となることがわかる．□

7.1.3 2の補数表現

2の補数表現では，負数はその絶対値の各ビットを反転させ，1の補数を生成し，さらに+1を施した表現とする．図7.3は，2の補数を生成する回路図を示している（演習問題6参照）．2の補数表現では，符号に無関係に2進数加算が統一的に行えるため，実際の演算回路でよく用いられている．

$n+1$ビットのうち，負数では最上位ビットが1となることは，符号・絶対値表現と同じである．2の補数においては，各ビットを反転させ，さらに+1を施すことは，$10\cdots 00$（$n+1$ビットのうち最上位ビットが1で，その下位nビット全部が0）から絶対値を減算すると解釈することもできる．絶対値をAとすると，Aに対する2の補数を2進数とみなし，式(7.1)の正数値へ換算したA_2は以下のようになる．

$$A_2 = 2^n - A \tag{7.4}$$

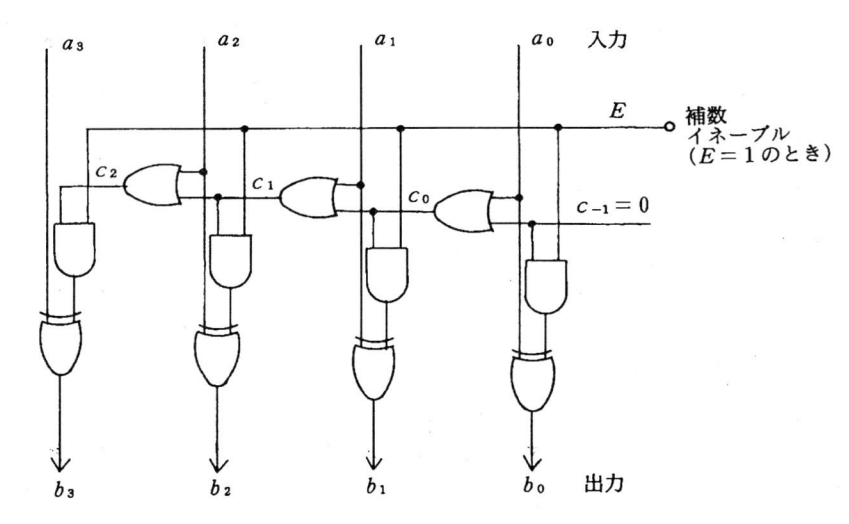

図 7.3　2の補数生成回路

これを，$-A$ という数値に変換するためには式 (7.5) のようにすればよい．
$$-A = A_2 - 2^n \tag{7.5}$$
式 (7.5) は
$$-A = -2^{n-1} + (A_2 - 2^{n-1})$$
となるので，2の補数表現の最上位ビットの重みを -2^{n-1}，それ以降の下位ビットは $2^{n-2} \cdots 2^0$ の重みをもつ2進数，すなわち $A_2 - 2^{n-1}$ として，それらの和を計算すれば $-A$ が計算できることを示している．

例. 2の補数による -10 の表現は以下のようになる．

$(+10)_{10} = 00001010$ に対して1の補数を作り，$+1$ を施すと，

$(-10)_{10} = 11110110$

となる．これと 00001010 との2進数加算を実行し，オーバフローを無視すれば，00000000 になる．

また，最上位ビットの重みが -2^7，それ以降の重みを $2^6, \cdots, 2^0$ として計算すれば，$(-10)_{10} = 11110110$ は

$$-2^7 + 2^6 + 2^5 + 2^4 + 2^2 + 2^1 = -10$$

となることも確かめられる．□

　一方，2の補数表現からその絶対値表現への変換も，2の補数表現の各ビットを反転し，さらに+1を施すという操作により行える．すなわち，2の補数生成の逆手順は，1を減じて反転すればよいことになるが，これは反転してから1を加えることと等価である．

例． 前例で得られた2の補数表現を絶対値表現へ変換してみる．
　11110110の各ビットを反転すると，
　　　00001001
となる．さらに，+1をすると00001010が得られる．□

7.2 加減算器

7.2.1 全加算器

　2の補数表現のデータに対する，2数の加算を行う方法は，10進数と同様な考えで行うことができる．すなわち，数表現における重みが10のべき乗から2のべき乗へ変わっただけであり，桁上げが2の重みをもつことになる．

```
                    0 0 0 1 0 1 1 0 1
                 +) 0 0 1 1 0 1 0 0 0
     (桁上げ)       0 0 1 1 0 1 0 0 0)
        和          0 1 0 0 1 0 1 0 1
```

　ここで，和（sum：サム）および桁上げ（carry：キャリ）は，各桁における2つの入力ビットと，1つ下位ビットからの桁上げとの，3ビットを用いて計算される．これらの3ビットの1の個数に応じて，和および桁上げは，表7.1のようになる．このように3ビット入力加算を行う回路を，全加算器（full adder）という．また，最下位ビットでは桁上げ入力が不要であるため，2ビット入力加算を行えばよい．このような回路を半加算器（half adder）という．全加算器あるいは半加算器では，入力の総和を，2の重みをもつ桁上げ

と1の重みをもつ和に変換していることになる．これより，全加算器の組合せ表は表7.2のようになる．

表7.1 全加算器の機能

1の個数	和	桁上げ
0	0	0
1	1	0
2	0	1
3	1	1

表7.2 全加算器の組合せ表

和

ab / c	00	01	10	11
0	0	1	1	0
1	1	0	0	1

桁上げ

ab / c	00	01	10	11
0	0	0	0	1
1	0	1	1	1

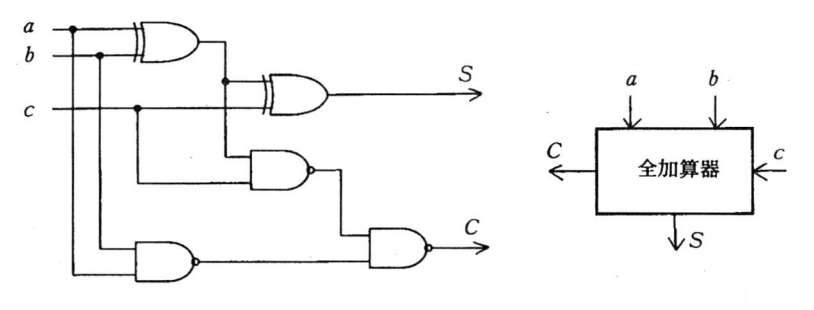

図 7.4 全加算器の論理回路図

図7.4は，この組合せ表より設計された全加算器の構成例と記号を示している．この他にも回路の特長に応じた種々の構成法がある．

7.2.2 並列加減算回路

図7.5は，リップルキャリ（ripple carry：順次桁上げ）方式に基づく並列加減算回路を示している．$M=0$のときは加算が，$M=1$のときは減算が行わ

7.2 加減算器

図 7.5 並列加減算回路

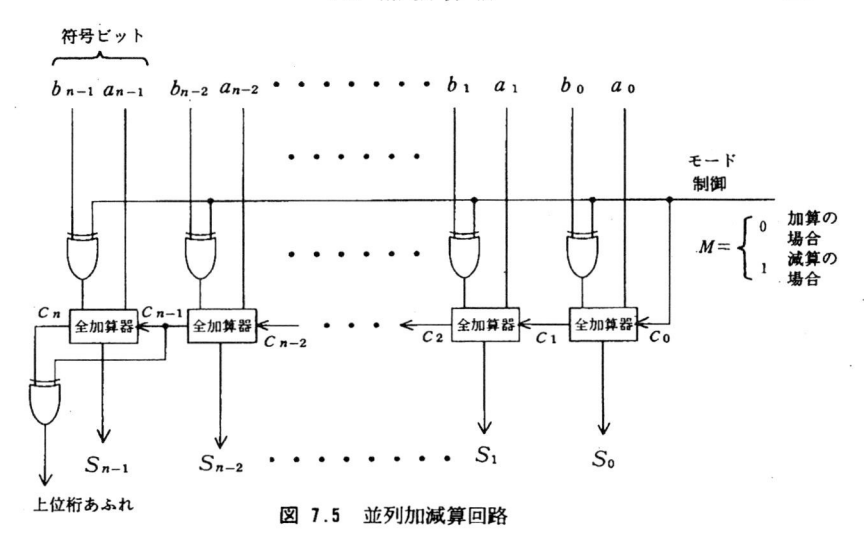

れる.減算は減数 $B=(b_{n-1},\cdots,b_0)$ に対する2の補数をとり,それを加算することにより実行されていることがわかる.すなわち,Bを反転して,最下位ビットキャリとして$C_0=1$を加えている.最悪の場合は,語長nビットに対して,n段の全加算器を通過して加減算が終了する.このため,後述するように,高速化を目的とした桁上げ先見加算方式などが考案されている.

7.2.3 直列加算回路

図7.6はnビット語長加算に対して,n回のクロック後に加算結果を得るこ

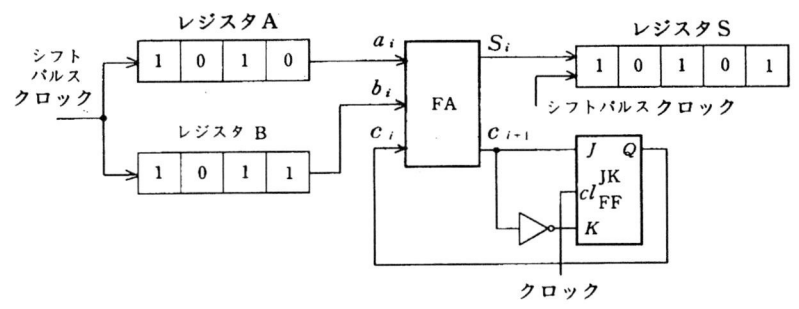

図 7.6 直列加算回路

とができる直列加算回路を示している．ハードウェア量は比較的少ないが，加算時間が長くなる．

7.3 乗算器

乗算は，基本的には加算の繰り返しにより計算される．以下のように計算過程は，10進数の場合と同様である．

$$
\begin{array}{rrrrrrr}
 & a_{m-1} & a_{m-2} & \cdots & a_1 & a_0 & =A \\
\times) & & b_{n-1} & \cdots & b_1 & b_0 & =B \\
\hline
 & a_{m-1}b_0 & a_{m-2}b_0 & \cdots & a_1b_0 & a_0b_0 & \\
 a_{m-1}b_1 & a_{m-2}b_1 & \cdots & a_1b_1 & a_0b_1 & & \\
 \cdot & & & \cdot & & & \\
 \cdot & & & \cdot & & & \\
+) \; a_{m-1}b_{n-1} & a_{m-2}b_{n-1} & \cdots & a_1b_{n-1} & a_0b_{n-1} & & \\
\hline
p_{m+n-2} \; p_{m+n-3} & \cdots & & p_{m+n-1} & \cdots & p_1 & p_0 & =P
\end{array}
$$

2進数では，各ビットの積（部分積）は，0と1しかとらないという特徴を有している．図7.7は，乗算回路の一般的構成概念を示すものである．まず，必要とされる各ビットの部分積をすべて生成するユニットがある．さらに，これらの部分積を加算する多入力加算のユニットが必要となる．目的に応じて，高速化を優先した構成，ハードウェア量の少ない構成など，種々の方式が知られている．図7.8はその一例である配列形乗算器の構成を示してる．同一のセルが規則的に配置してあるため，レイアウトがしやすいなどの特長があるが，速度はやや遅い方式である．

7.4 演算システムの設計論

入力ビット数がある程度多い演算回路を，直接多変数関数の組合せ回路として実現することは，大規模な多入力変数組合せ回路を設計しなければならず，あまり行われない方法である．小規模な基本セルをブロックにして，語長の増

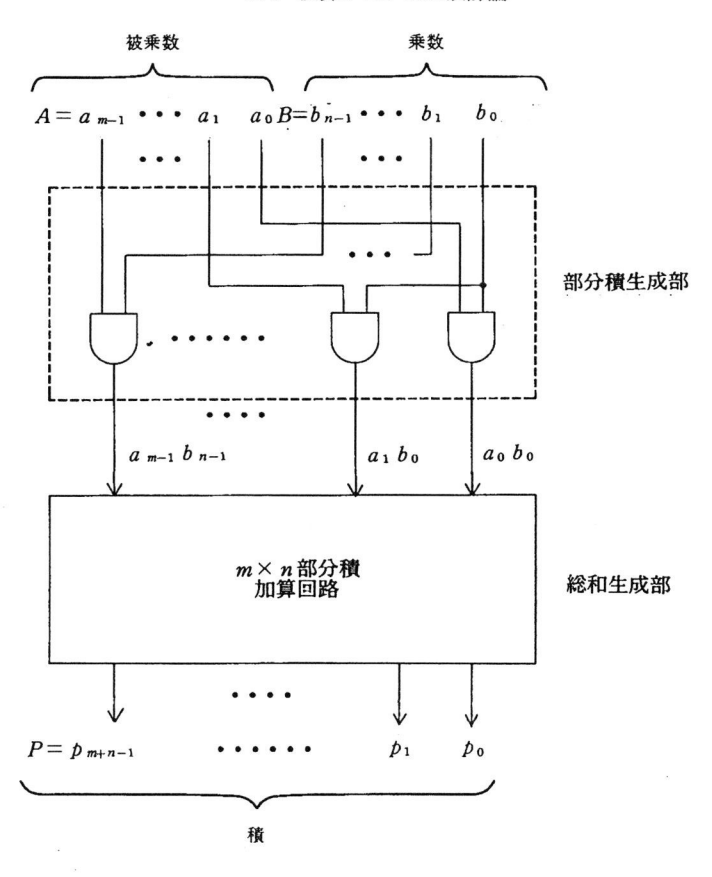

図 7.7 乗算器の構成概念図

加に対して，拡張性に優れた規則的構造をとる方式が一般的である．このような設計法として以下のように，カスケード形並列演算回路，ルックアヘッド演算回路，木構造並列演算回路，順序回路形演算回路などがある．

7.4.1 カスケード形並列演算回路

図7.9は，kビット入力変数ベクトルX_jと，前段セルからの内部出力C_jを，入力とするセルを，基本ブロックに構成されたカスケード形並列演算回路を示

140　　　　　　　　　7. 演算システムの構成

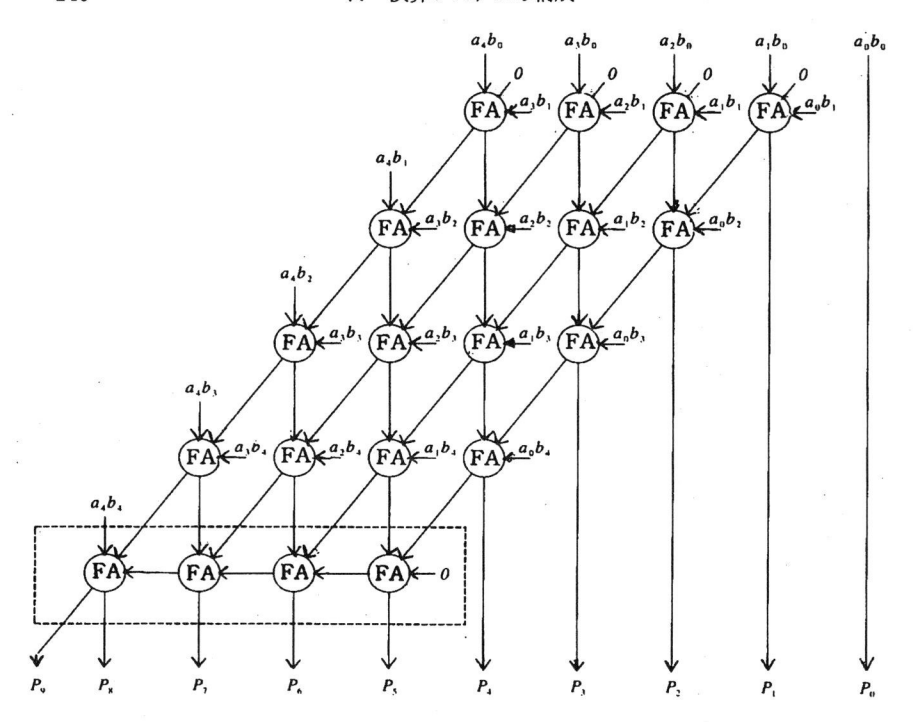

図 7.8 配列形乗算器の構成

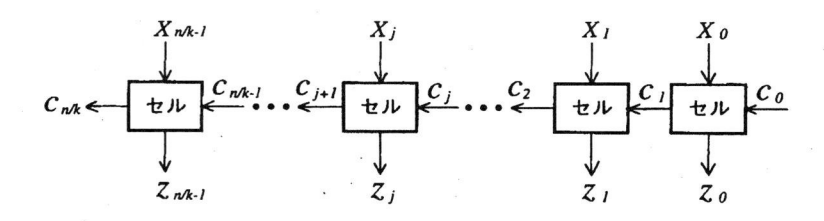

図 7.9 セルのカスケード接続

している．入力変数ベクトル X_j と内部出力 C_j を用いて，セルの入出力を以下のように定義する．

$$Z_j = F(X_j, C_j)$$
$$C_{j+1} = G(X_j, C_j) \tag{7.6}$$

7.4 演算システムの設計論

ただし，便宜上，外部入力変数の総数nはkの倍数であるとし，$j=0,1,\cdots,n/k$とする．式 (7.6) を再帰的に代入していくと，次式が得られる．

$$Z_j = F(X_j, G(X_{j-1}, G(X_{j-2}, G(\cdots, G(X_0, C_0))))) \tag{7.7}$$

図7.9のようにカスケード形並列演算回路では，セルの全段数分の遅延があり，高速性の点では必ずしも有利ではないが，構成は簡単であるという特徴がある．

このカスケード形並列演算回路の設計法について，その手順を以下に述べる．

(**ステップ1**)　セルの入力ビット数kを決定する．

(**ステップ2**)　セルの外部入力X_0に着目し，次段以降のセル出力に等価な影響を与えるようなグループに，入力X_0の定数ベクトル集合を分割する．これらのグループに対する出力記号を定義し，内部出力変数C_1の仕様を与える．

(**ステップ3**)　外部入力X_1と前段からの内部出力C_1とを入力とするセルに着目し，次段以降のセル出力に等価な影響を与えるようなグループに，入力組$X_1 C_1$の定数ベクトル集合を分割する．これらのグループに対する出力記号を定義し，内部出力変数C_2の仕様を与える．

(**ステップ4**)　以下同様な手順により，外部入力X_jと内部出力C_jとを入力とするセルの仕様を与えることができる．jの値に依存せず，これらのセルが同一の仕様になれば，1種類のセルで演算回路を構成できる．

(**ステップ5**)　内部出力C_jを必要なビット数の2値ベクトルで符号化し，この組合せ表を作成する．また，出力Z_jの組合せ表も作成する．これらに基づき，セルの論理設計を行う．

例．リップルキャリ方式加算回路の設計

すでに述べたリップルキャリ加算回路を導出する．2つの2進数$A=(a_{n-1}, a_{n-2}, \cdots, a_0)$と$B=(b_{n-1}, b_{n-2}, \cdots, b_0)$との加算を考える．

(**ステップ1**)　$k=2$とする．

(**ステップ2**)　最下位ビットの外部入力$X_0=(a_0, b_0)$に着目し，そのセルよりも上位ビットのセル出力に等価な影響を与えるグループに，入力X_0の

定数ベクトル集合を分割する．これは，加算結果 (a_0+b_0) が2以上のときは桁上げを生じ，それが上位に伝播し，それ以外の場合は桁上げがなく伝播しないので，以下のようなグループに分割できる．ただし，S_0 は桁上げがないことを示す出力記号，また S_1 は桁上げがあることを示す出力記号とする．また，＋は加算を表している．

$a_0+b_0=0,1$ となる (a_0,b_0) の集合に属するとき，$C_1=S_0$

$a_0+b_0=2$ となる (a_0,b_0) の集合に属するとき，$C_1=S_1$

(ステップ3) 外部入力 $X_1=(a_1,b_1)$ と C_1 に着目し，そのセルよりも上位ビットのセル出力に等価な影響を与えるグループに，定数ベクトルを分割する．これは，桁上げが伝播するかどうかにより，以下のようにグルーピングすればよい．

$C_1=S_0, a_1+b_1=0,1$ のとき，$C_2=S_0$

$C_1=S_1, a_1+b_1=1$ のとき，

あるいは $a_1+b_1=2$ のとき，$C_2=S_1$

(ステップ4) $j=2$ 以上に対して，外部入力 $X_j=(a_j,b_j)$ と C_j を入力とするセルの仕様は（ステップ3）と同一となることは明らかである．

(ステップ5) 記号 S_0 に0，記号 S_1 に1の論理値を割り当てることにより，セルの外部出力と桁上げの組合せ表が導出できる．これらは，それぞれ表7.2の全加算器の和と桁上げとなる．　□

例．大小比較回路の設計

2つの2進数 $A=(a_{n-1},a_{n-2},\cdots,a_0)$ と $B=(b_{n-1},b_{n-2},\cdots,b_0)$ の大小比較を行い，$A>B$，$A=B$，$A<B$ の判定結果を出力する，カスケード形比較回路を設計する．

(ステップ1) $k=2$ とする．

(ステップ2) 最下位ビットの外部入力 $X_0=(a_0,b_0)$ に着目し，そのセルよりも上位ビットのセルの内部出力に等価な影響を与えるグループに，入力 X_0 の定数ベクトル集合を分割する．これは，$a_0>b_0$，$a_0=b_0$，$a_0<b_0$ になる．

$a_0=1, b_0=0$ のとき，$C_1=S_0$（S_0 は $a_0>b_0$ を示す出力記号）

$a_0=b_0$ のとき，$C_1=S_1$（S_1 は $a_0=b_0$ を示す出力記号）

$a_0=0, b_0=1$ のとき $C_1=S_2$（S_2 は $a_0<b_0$ を示す出力記号）

(ステップ3) 外部入力 $X_1=(a_1,b_1)$ と C_1 に着目し，そのセルよりも上位ビットのセルの内部出力に等価な影響を与えるグループに，定数ベクトルを分割する．これは，以下のようにグルーピングすればよい．

$a_1=1, b_1=0$ あるいは $a_1=b_1, C_1=S_0$ のとき，$C_2=S_0$

$a_1=b_1, C_1=S_1$ のとき，$C_2=S_1$

$a_1=0, b_1=1$ あるいは $a_1=b_1, C_1=S_2$ のとき，$C_2=S_2$

(ステップ4) $j=2$ 以上に対して，外部入力 $X_j=(a_j,b_j)$ と C_j を入力とするセルの仕様は，(ステップ3) と同一となることは明らかである．これは，表7.3のように与えられる．

(ステップ5) 記号 S_0 に $p_j=0$，$q_j=1$，記号 S_1 に $p_j=1$，$q_j=1$，記号 S_2 に $p_j=1$，$q_j=0$ の論理値を割り当てることにより，セルの内部出力 p_{j+1} と q_{j+1} の組合せ表を作成すると，表7.4のようになる．d は don't care を示している．これにより，セルの論理回路図は図7.10のようになる． □

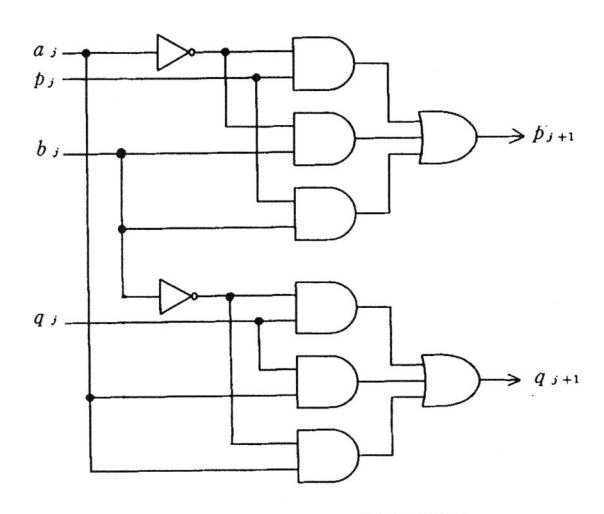

図 7.10 比較器セルの論理回路図

例．系列検出器の設計

n ビット入力 $(x_{n-1}, x_{n-2}, \cdots, x_1, x_0)$ に対して，1 ビット出力をもつカスケード構造の系列検出器を設計する．この系列検出器は，$0 \leq i \leq n-3$ に対して，$x_{i+2}=0$, $x_{i+1}=1$, $x_i=1$ となる i が少なくても 1 個存在すれば，011 の系列を検出したことを示す出力 z を 1 とし，存在しなければ $z=0$ とする機能を有している．

(ステップ 1) $k=1$ とする．

(ステップ 2) ここでは，x_3 の外部入力をもつ，下位から 4 番目のセルを考える．このセルにおいては，前段のセルからの出力 C_3 が入力として必要となるが，この出力記号として，以下のように 4 種類を定める．

S_0：$x_2=0$, $x_1=1, x_0=1$ の系列が存在する．

S_1：$x_2=1$, $x_1=1$ の系列が存在する．

S_2：S_1 の状態ではないが，$x_2=1$ である．

S_3：上記のどれにも該当しない．

表7.3　比較器の仕様

C_j \ a_jb_j	00	01	10	11
S_0	S_0	S_2	S_0	S_0
S_1	S_1	S_2	S_0	S_1
S_2	S_2	S_2	S_0	S_2

表7.4　比較器セルの組合せ表

(a) p_{j+1} の組合せ表

p_jq_j \ a_jb_j	00	01	10	11
00	d	d	d	d
01	0	1	0	0
10	1	1	0	1
11	1	1	0	1

(b) q_{j+1} の組合せ表

p_jq_j \ a_jb_j	00	01	10	11
00	d	d	d	d
01	1	0	1	1
10	0	0	1	0
11	1	0	1	1

7.4 演算システムの設計論

下位から4番目のセル出力 C_4 がとる出力記号を，上記 $S_0, \cdots, S_3$ と同様に，以下のように定める．

S_0：$x_i=0$, $x_{i-1}=1$, $x_{i-2}=1$ となる $i(i \leq 3)$ が存在する．
S_1：$x_3=1$, $x_2=1$ の系列が存在する．
S_2：S_1 の状態ではないが，$x_3=1$ である．
S_3：上記のどれにも該当しない．

以上により，表7.5のように C_4 の仕様を決定することができる．

（ステップ3） 下位から $j(j \geq 5)$ 番目のセルについても，上記の記号の定義を一般化する．

S_0：$x_i=0$, $x_{i-1}=1$, $x_{i-2}=1$ となる $i(i \leq j-1)$ が存在する．
S_1：$x_{j-1}=1$, $x_{j-2}=1$ の系列が存在する．
S_2：S_1 の状態ではないが，$x_{j-1}=1$ である．
S_3：上記のどれにも該当しない．

したがって，表7.5を一般化した C_j の仕様は，表7.6のようになる．

（ステップ4） 各記号に表7.7のような符号を割り当てると，同期式順序回路の設計と同様な方法により，このセルは図7.11のように構成できる．□

表7.5　C_4 の仕様

C_3 \ x_3	0	1
S_0	S_0	S_0
S_1	S_0	S_1
S_2	S_3	S_1
S_3	S_3	S_2

表7.6　C_j の仕様

C_{j-1} \ x_{j-1}	0	1
S_0	S_0	S_0
S_1	S_0	S_1
S_2	S_3	S_1
S_3	S_3	S_2

表7.7 符号割当

C_j	C_{j0}	C_{j1}
S_0	0	0
S_1	0	1
S_2	1	0
S_3	1	1

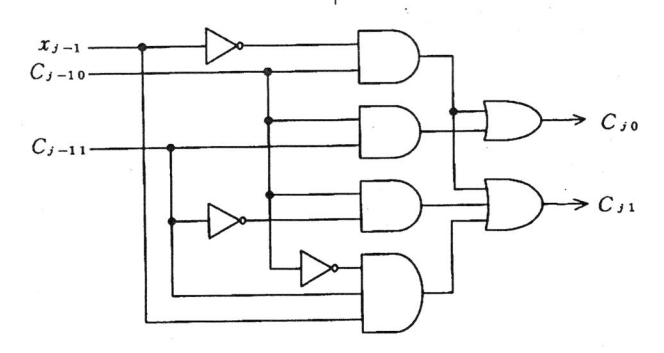

図 7.11 系列検出器セルの論理回路図

7.4.2 ルックアヘッド演算回路

カスケード形並列演算回路では，演算ビット数（語長）の増大に伴い，セルの直列段数が増加し，最上位ビットの出力が確定するまでの伝播遅延時間が大きくなる．これを解消するための1つの方法が，ルックアヘッド（lookahead）方式，あるいは先見（せんけん）方式である．

この方式では，図7.12に示すように，入力 X_i から中間出力 Y_i を生成し，Y_i を新たな入力として，できるだけ上位の内部出力（桁上げ出力）を，高速に出力する組合せ回路 Q を構成する．この組合せ回路 Q をなるべく簡単に構成できるように，中間出力 Y_i を定めることが重要である．

今，カスケード形並列演算回路において，式 (7.6) のセル入出力関係を逐次適用すると，内部出力 C_j は q 個の入力ベクトル $X_{j-1}\cdots X_{j-q}$ を用いて式 (7.8) のように表せる．

$$C_j = G(X_{j-1}, G(X_{j-2}, G(\cdots G(X_{j-q}, C_{j-q})))) \tag{7.8}$$

7.4 演算システムの設計論

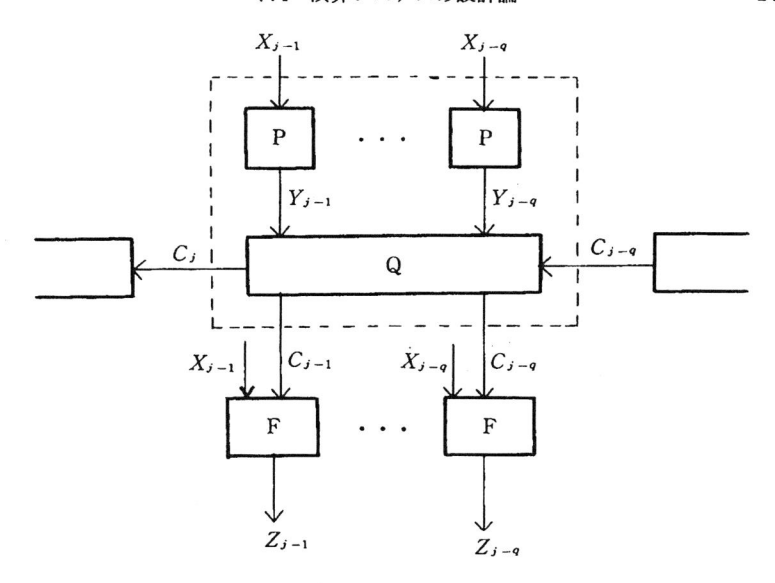

図 7.12 ルックアヘッド演算回路

式 (7.8) は，以下のような関数 H とみなすことができる．

$$C_j = H(X_{j-1}, X_{j-2}, \cdots, X_{j-q}, C_{j-q}) \tag{7.9}$$

C_j を高速に生成するために，関数 H をできるだけ簡単に構成することが重要である．このために関数 H を式 (7.9) のまま直接構成するのではなく，式 (7.10) のような中間出力 Y_i を関数 P により生成し，それを用いて式 (7.11) のように，内部出力 C_j を出力する関数 Q を構成する．これは関数の直列分解に相当し，関数 P と Q により実現される組合せ回路は，できるだけ簡単かつ高速になるよう分解することが望まれる．たとえば，入力 X_i の変数の数が圧縮され，より少ない変数からなる中間出力 Y_i となれば望ましい分解である．

$$Y_{j-1} = P(X_{j-1}), Y_{j-2} = P(X_{j-2}), \cdots, Y_{j-q} = P(X_{j-q}) \tag{7.10}$$

$$C_j = Q(Y_{j-1}, Y_{j-2}, \cdots, Y_{j-q}, C_{j-q}) \tag{7.11}$$

また，q の値が大きければ，一度に上位の内部出力を生成できるという点では有利である．しかし，あまり q の値を大きくすると式 (7.11) が複雑になりすぎ，かえって高速化に不利になるため，q の値は回路の性能などに依存して

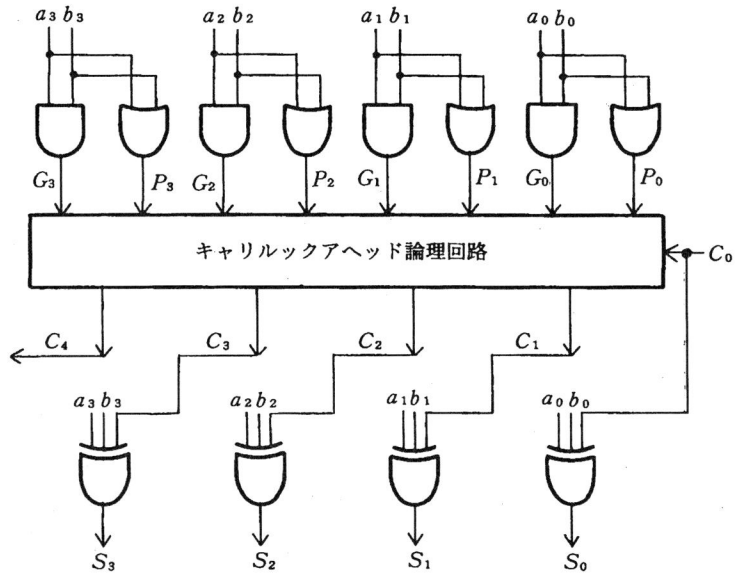

図 7.13 キャリルックアヘッド加算器 ($q=4$ のモジュール)

適切に選択する必要がある．

例． キャリルックアヘッド加算回路の設計

2つの2進数 $A=(a_{n-1}, a_{n-2}, \cdots, a_0)$ と $B=(b_{n-1}, b_{n-2}, \cdots, b_0)$ との加算を考える．式 (7.10) に対応する中間出力として，以下の G_i と P_i を定義する．

$$G_i = a_i \cdot b_i$$
$$P_i = a_i + b_i$$

今，下位より i ビット目の和を S_{i-1}，キャリを C_i とすると，これらは以下のような論理式で表現できる．ただし，$\oplus$ は排他的論理和を表している．

$$C_i = a_{i-1} \cdot b_{i-1} + b_{i-1} \cdot C_{i-1} + C_{i-1} \cdot a_{i-1}$$
$$= G_{i-1} + P_{i-1} \cdot C_{i-1}$$
$$S_{i-1} = a_{i-1} \oplus b_{i-1} \oplus C_{i-1}$$

一例として，$q=4$ ビットごとのキャリルックアヘッド回路では，以下のような論理式により，$C_1 \cdots C_4$ を並列に出力する．

$C_1 = G_0 + P_0 \cdot C_0$

$C_2 = G_1 + P_1 \cdot C_1$

$\quad = G_1 + P_1 \cdot G_0 + P_1 \cdot P_0 \cdot C_0$

$C_3 = G_2 + P_2 \cdot C_2$

$\quad = G_2 + P_2 \cdot G_1 + P_2 \cdot P_1 \cdot G_0 + P_2 \cdot P_1 \cdot P_0 \cdot C_0$

$C_4 = G_3 + P_3 \cdot C_3$

$\quad = G_3 + P_3 \cdot G_2 + P_3 \cdot P_2 \cdot G_1 + P_3 \cdot P_2 \cdot P_1 \cdot G_0 + P_3 \cdot P_2 \cdot P_1 \cdot P_0 \cdot C_0$

このようにして構成されるキャリルックアヘッド加算器を図7.13に示す．なお，キャリルックアヘッド加算器は，これとは別の構成法も存在する．　□

7.4.3　木構造並列演算回路

　木構造並列演算回路では，多くの入力ビット数を有する演算回路を，図7.14のような木構造で構成することにより，並列性を向上させ，伝播遅延をできるだけ減少させることを目的としている．このような考え方により構成される演算回路例としては，桁上げ保存形（carry save）多入力加算回路やWallace tree形乗算回路などがある．

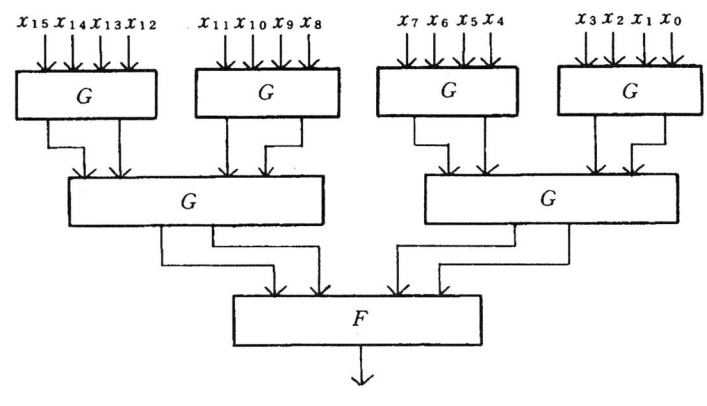

図7.14　木構造演算回路

例. 木構造大小比較演算回路

nビット2進数$A=(a_{n-1}, a_{n-2}, \cdots, a_0)$と$B=(b_{n-1}, b_{n-2}, \cdots, b_0)$に対して, $A>B$のとき$G=1$, $A=B$のとき$E=1$, $A<B$のとき$S=1$となる出力をもつ木構造大小比較回路の構成を考える. すでに述べたカスケード形比較回路の設計例では, 2ビット入力を有するセルを定義していた. ここではより一般化して, $2k$ビット入力を有するセルを用いる. 今, それぞれがkビット入力である$X=(x_{k-1}, x_{k-2}, \cdots, x_0)$と$Y=(y_{k-1}, y_{k-2}, \cdots, y_0)$の大小比較を行うセルを以下のように定義する.

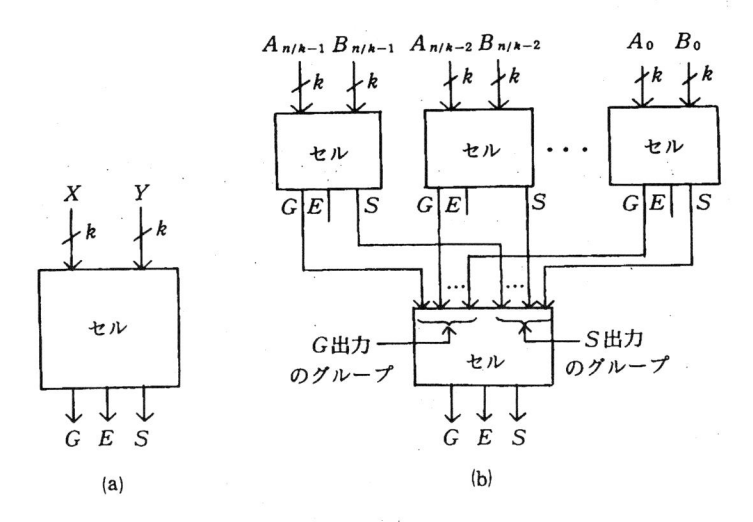

$$G = \begin{cases} 1 & X>Y \text{のとき} \\ 0 & \text{その他} \end{cases}$$

$$E = \begin{cases} 1 & X=Y \text{のとき} \\ 0 & \text{その他} \end{cases}$$

$$S = \begin{cases} 1 & X<Y \text{のとき} \\ 0 & \text{その他} \end{cases}$$

図 7.15 木構造比較器

このセルの記号を図7.15(a)のように表記する．

このセルを用いて，木構造大小比較演算回路は図7.15(b)のように構成できる．最初のレベルでは，1ワード（nビット）をkビット単位の複数個の数値に分割し，大小比較を並列に行う．それらのG同士の出力，およびS同士の出力を上位から並べ，新たな2ワードを形成する．ただし，この1ワードはkビット以内であるとする．2番目のレベルにおいては，このようにして得られた2ワードを入力として大小比較を行う．この結果，所望の大小比較演算結果が得られる．

もし，1番目のレベルのセル出力Eのすべてが1のときは，これらのセル出力GとSのすべては0となる．これは，2番目のレベルの入力となる2ワードがともに0であり，そのセル出力は$E=1$となることを意味している．また，上記以外の場合，上位から何番目かのビットに対して初めて$G \neq S$となるものが必ず存在する．$G=1$，$S=0$であれば$A>B$を意味し，$G=0$，$S=1$であれば$A<B$を意味することは明らかである．□

7.4.4 順序回路形演算回路

式（7.6）で表現される図7.9のカスケード形並列演算回路においては，各セルをiごとに全部用意していた．これを，すべてのiで共有化し，直列的に演算を施すことにより，図7.16のような順序回路形演算回路を構成することができる．具体例としては，すでに示した直列加算回路がある．

演算開始に先立って，シフトレジスタには演算すべき入力データがセットされているものとする．Dフリップフロップは，現在のクロックサイクルでのセル内部出力を，次のクロックサイクルの入力として利用できるよう，セル内部出力を一時記憶するために用いられる．演算サイクルが終了した時点で演算出力Z_iはシフトレジスタにすべて保持される．

順序回路形演算回路では一般的に，セルの個数は1個でよいため，ハードウェアが簡単になるという利点がある反面，直列的に処理するため，演算時間が大きくなるという欠点がある．

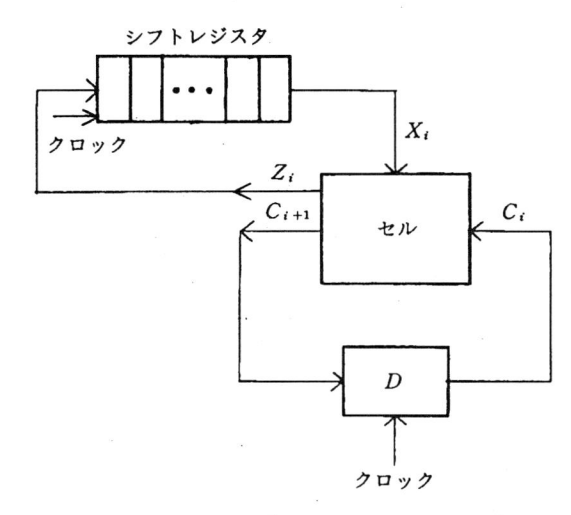

図 7.16 順序回路形演算回路

演 習 問 題

1. Gray符号 $A=(a_{n-1}, a_{n-2}, \cdots, a_0)$ と2進数 $B=(b_{n-1}, b_{n-2}, \cdots, b_0)$ との関係は以下のように与えられる。ただし, P は入力の1の個数が奇数個のとき1を出力する, 奇数パリティ関数である。

    $b_i = P(a_{n-1}, \cdots, a_i)$

    4ビットのGray符号から4ビットの2進数へ変換するカスケード形演算回路の構成を示せ。

2. カスケード形の並列減算回路を設計せよ。
3. 部分積の多入力加算を木構造加算回路で実現した乗算回路の構成を示せ。
4. 4ビット2進数 $A=a_3 a_2 a_1 a_0$ と $B=b_3 b_2 b_1 b_0$ の大小比較 $2A \leq B$ を判定する比較回路について下記の問に答えよ。ただし, A, B は $A \geq 0, B \geq 0$ なる整数とする。

    (1) A の最下位ビットから i ビット目までの2進数 $(a_{i-1} \cdots a_0)$ を2倍した, すなわち左に1ビットシフトした2進数を考え, これを

    $A_i = a_{i-1} \cdots a_0 a_{-1}$

    とする。また B の最下位ビットから $i+1$ ビット目までの2進数を考え, これを

    $B_i = b_i b_{i-1} \cdots b_0$

    とする。

    $A_i > B_i$ ならば $F_i = 0$
    $A_i \leq B_i$ ならば $F_i = 1$

    となる論理関数 $F_i(a_{i-1}, b_i, F_{i-1})$ の真理値表 (組合せ表) を求めよ。ただし, i は $i=0, \cdots, 4$ であり, また $a_{-1}=0, b_4=0, F_{-1}=1$ とする。

    (2) 3変数関数 $F_i(a_{i-1}, b_i, F_{i-1})$ を AND, OR, NOT を用いた, なるべく簡単な積和形式および和積形式で表せ。

    (3) $F_i(a_{i-1}, b_i, F_{i-1})$ を NAND のみで表せ。また, NOR のみで表せ。

    (4) $F_i(a_{i-1}, b_i, F_{i-1})$ を5個縦続接続して構成される, この大小比較回路のブロック図を示せ。

5. 順序回路形の大小比較演算回路の構成を示せ。

6. 正の2進数を負数に変換する2の補数器について下記の問に答えよ．なお，2の補数による負数表現は，2進数入力の各ビットを反転し，さらに1を加えたものとして定義される．

   (1) 2の補数表現に従い負数を生成するには，与えられた入力の最下位桁からみて初めて1が現われた桁までは入力ビットと同じ値を出力し，それより上位の桁は入力ビットを反転した値を出力とすればよいことを示せ．

   (2) 2の補数器の入力ビットを $(x_{n-1}, x_{n-2}, \cdots, x_i, \cdots, x_1, x_0)$，出力ビットを $(z_{n-1}, z_{n-2}, \cdots, z_i, \cdots, z_1, z_0)$ とする．ただし，これらの表現では右側が下位の桁である．また，$(c_{n-1}, c_{n-2}, \cdots, c_i, \cdots, c_1, c_0)$ を以下のように定義する．

   $$c_i = \begin{cases} 0 & x_0 = \cdots = x_i = 0 \text{ のとき} \\ 1 & \text{その他のとき} \end{cases}$$

   このとき，$c_i = f(c_{i-1}, x_i)$ となる論理関数 f の真理値表（組合せ表）と，$z_i = g(c_{i-1}, x_i)$ となる論理関数 g の真理値表をそれぞれ与えよ．ただし，$c_{-1} = 0$ とする．

   (3) AND, OR, NOT を用いて論理関数 f および g の論理式を求めよ．また，f と g がともに組み込まれた基本ブロックを用いて構成される，組合せ回路方式に基づく2の補数器のブロック図を描け．

   (4) 入力ビットが最下位桁から順に1ビットずつクロックに同期して到来する場合に，順序回路方式による2の補数器の設計を考える．入力ビットに1が1回も到来していない状態を S_0，少なくとも1回は1が到来した状態を S_1 としたとき，この順序回路の状態遷移図を作成せよ．また，状態 S_0 に状態変数 $y = 0$ を，状態 S_1 に状態変数 $y = 1$ を割り当てたときに，本順序回路の状態遷移を与える状態式および出力を与える出力式を，AND, OR, NOT を用いて表せ．ただし，記憶要素としてDフリップフロップを用いるものとする．

7. レジスタAとBに記憶されている，2つの2進数をそれぞれ X, Y とする．ただし，負数は2の補数に基づいて表現されている．$X - Y$ の絶対値を計算し，その結果をレジスタCに格納する絶対値演算システムについて，下記の問に答えよ．

演 習 問 題

(1) 全加算器と NOT ゲートのみを用いた並列減算回路のブロック図を示し、その動作を説明せよ。全加算器は適当な記号を用いよ。
(2) 2入力マルチプレクサは、制御入力 s が $s=0$ のときデータ入力 I_0 を出力し、$s=1$ のときデータ入力 I_1 を出力するモジュールである。これを、NOR ゲートのみを用いた論理回路図で表せ。
(3) 並列減算回路、レジスタ、マルチプレクサを用いて、絶対値を計算する演算システムのブロック図を示し、その動作を説明せよ。各モジュールには適当な記号を用いよ。

参考文献

第1章

(1) 日経エレクトロニクス編：エレクトロニクス50年史と21世紀への展望，日経マグロウヒル社 (1980).

第2章，第3章，第6章

(2) M. Morris Mano:Digital Logic and Computer Design, Prentice-Hall (1979).
(3) 尾崎弘, 樹下行三：ディジタル代数学，共立出版 (1966).
(4) 室賀三郎, 笹尾勤 (共訳)：論理設計とスイッチング理論，共立出版 (1981).
(5) 笹尾勤：理論設計―スイッチング回路理論，近代科学社 (1995).
(6) 当麻喜弘：スイッチング回路理論，コロナ社 (1985).
(7) 足立暁生：理論設計の基礎，東海大学出版会 (1973).

第4章，第5章

(8) 奥川峻, 井上訓行訳：コンピュータの理論設計，共立出版 (1983).
(9) 萩原宏, 黒住祥祐：電子計算機ハードウェアの基礎，オーム社 (1973).
(10) 米山正雄編：電子計算機の回路，東海大学出版 (1974).
(11) 上原一炬, 松崎稔：マイクロプログラミングとその応用，産報 (1974).
(12) 樹下行三：コンピュータ工学，昭晃堂 (1993).
(13) 馬場敬信：コンピュータアーキテクチャ，オーム社 (1994).

第7章

(14) Milos D. Ercegovac and Tomas Lang: Digital Systems and Hardware/Firmware Algorithms, John Wiley & Sons (1985).
(15) 堀越彌監訳：コンピュータの高速演算方式，近代科学社 (1980).

演習問題略解

1章
1. 0から2^n-1までの整数
2. (1) 11100111 (2) 10101111 (3) 1000.0110 (4) 1100.1000
3. (1) 10101111 (2) 00110110 (3) 10110010 (4) 00101100
4. SATOであれば，7ビット／文字で，1010011100000110101001001111
5. プログラムをパッチボード上の配線接続により表現する．
6. それまで高価な計算機を，低価格で機器に組込み可能な小形なものにした．

2章
1. (1) $x(y \oplus z) = x(y\bar{z}+\bar{y}z) = xy\bar{z}+x\bar{y}z$
   $= xy(\bar{x}+\bar{z})+(\bar{x}+\bar{y})xz = \overline{xy}\overline{xz}+\overline{xy}xz = xy \oplus xz$

   (2), (3) 略

2. (1) $xy+\bar{x}\bar{y} = xy+x\bar{x}+\bar{x}\bar{y}+y\bar{y} = x(\bar{x}+y)+\bar{y}(\bar{x}+y)$
   $= (x+\bar{y})(\bar{x}+y)$, $xy+\bar{x}\bar{y} = \overline{\overline{xy+\bar{x}\bar{y}}} = \overline{\overline{xy} \cdot \overline{\bar{x}\bar{y}}} = \overline{(x+\bar{y})(\bar{x}+y)}$,
   $xy+\bar{x}\bar{y} = \overline{\overline{(x+\bar{y})(\bar{x}+y)}} = \overline{\bar{x}\bar{y}+\bar{x}y}$

   (2) $\overline{w}\bar{x}+\bar{y}\bar{z} = \overline{\overline{\overline{w}\bar{x}+\bar{y}\bar{z}}} = \overline{(w+x)(y+z)}$

   (3) $\bar{x}\bar{y}\bar{z}+\bar{x}yz+x\bar{y}\bar{z}+\bar{x}yz$
   $= \overline{(x+y+z)(x+y+\bar{z})(\bar{x}+y+z)(x+\bar{y}+z)}$
   $= \overline{(x+y)(z+xy+\bar{y})} = \overline{xz+xy+yz}$

3. (1) $(x+y)(\bar{x}+\bar{y}) = x\bar{y}+\bar{x}y = \overline{xy+\bar{x}\bar{y}} = \overline{(x+\bar{y})(\bar{x}+y)}$

   (2) $(\overline{w}+\bar{x})(\bar{y}+\bar{z}) = \overline{wx+yz}$

   (3) $(\bar{x}+\bar{y}+\bar{z})(\bar{x}+\bar{y}+z)(x+\bar{y}+\bar{z})(\bar{x}+y+\bar{z})$
   $= \overline{(x+y)(y+z)(z+x)}$

4. $f = \bar{x}\bar{y}+xy,\ f = \overline{\overline{x}\bar{y} \cdot \overline{xy}}$

5. (1) $\bar{x}\bar{z}+\overline{w}xy+w\bar{y}z+xyz$

   (2) $(x+\bar{y}+\bar{z})(\overline{w}+\bar{x}+z)(w+\bar{x}+y)(w+y+\bar{z})$

   (3) $\overline{\overline{\bar{x}\bar{z}} \cdot \overline{\overline{w}xy} \cdot \overline{w\bar{y}z} \cdot \overline{xyz}}$

   (4) $\overline{\overline{(x+\bar{y}+\bar{z})}+\overline{(\overline{w}+\bar{x}+z)}+\overline{(w+\bar{x}+y)}+\overline{(w+y+\bar{z})}}$

6. (1) 略 (2) $\bar{x_1}\bar{x_2}+\bar{x_2}\bar{x_3}+\bar{x_1}\bar{x_3}$

   (3) $(\bar{x_1}+\bar{x_2})(\bar{x_2}+\bar{x_3})(\bar{x_1}+\bar{x_3})$

   (4) $\overline{\overline{\bar{x_1}\bar{x_2}} \cdot \overline{\bar{x_2}\bar{x_3}} \cdot \overline{\bar{x_1}\bar{x_3}}}$

   (5) $\overline{\overline{(\bar{x_1}+\bar{x_2})}+\overline{(\bar{x_2}+\bar{x_3})}+\overline{(\bar{x_1}+\bar{x_3})}}$

7. (1) 略　(2) $f(X) = \overline{x}_1 x_3 + \overline{x}_1 \overline{x}_2 x_4 + \overline{x}_2 x_3 x_4$
   (3) $f(X) = (\overline{x}_1 + \overline{x}_2)(\overline{x}_1 + x_3)(\overline{x}_1 + x_4)(\overline{x}_2 + x_3)(x_3 + x_4)$
   (4) $f(X) = \overline{\overline{\overline{x}_1 x_3} \cdot \overline{\overline{x}_1 \overline{x}_2 x_4} \cdot \overline{\overline{x}_2 x_3 x_4}}$
   (5) $f(X) = \overline{\overline{(\overline{x}_1 + \overline{x}_2)} + \overline{(\overline{x}_1 + x_3)} + \overline{(\overline{x}_1 + x_4)} + \overline{(\overline{x}_2 + x_3)} + \overline{(x_3 + x_4)}}$

8. サム：$\overline{x}_1 \overline{x}_2 x_3 + \overline{x}_1 x_2 \overline{x}_3 + x_1 x_2 x_3 + x_1 \overline{x}_2 \overline{x}_3$
   $= \overline{\overline{\overline{x}_1 \overline{x}_2 x_3} \cdot \overline{\overline{x}_1 x_2 \overline{x}_3} \cdot \overline{x_1 x_2 x_3} \cdot \overline{x_1 \overline{x}_2 \overline{x}_3}}$
   キャリ：$x_1 x_2 + x_2 x_3 + x_1 x_3 = \overline{\overline{x_1 x_2} \cdot \overline{x_2 x_3} \cdot \overline{x_1 x_3}}$

9. 解図2.1参照.

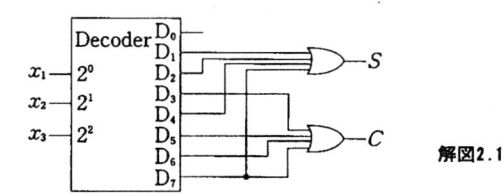

解図2.1

10. 解図2.2参照.

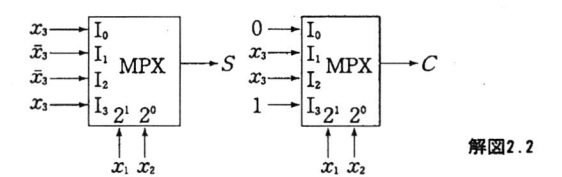

解図2.2

11. $L_1 = x_1 + x_3 + \overline{x}_0 \overline{x}_2 + x_0 x_2$, $L_2 = \overline{x}_2 + x_0 x_1 + \overline{x}_0 \overline{x}_1$,
    $L_3 = x_0 + \overline{x}_1 + x_2$, $L_4 = \overline{x}_0 \overline{x}_2 + \overline{x}_0 x_1 + x_1 \overline{x}_2 + x_0 \overline{x}_1 x_2$,
    $L_5 = \overline{x}_0 x_1 + \overline{x}_0 x_2$, $L_6 = \overline{x}_0 \overline{x}_1 + x_2 + x_3$, $L_7 = x_3 + \overline{x}_0 x_1 + x_1 \overline{x}_2 + \overline{x}_1 x_2$

12. x, y を入力, f を出力とする. 今, $x=0$, $y=0$ のとき $f=0$ とする.
    x を1にすれば, $f=1$ とならなければならない. また, y を1にすれば, $f=1$ とならなければならない. $x=1$, $y=0$ のとき $f=1$ であるが, y を1にすれば $f=0$ でなければならない. 以上から, $f = \overline{x}y + x\overline{y}$ となる.

3章

1. スイッチ接点は, 上側に接触, どちら側にも接触していない, 下側に接触, の3状態のうちの1つである. 今, 下側から上側に接点が切り替わる場合を考えると, RSフリップフロップが, リセット状態からセット状態へ遷移することに相当する. 一度セット状態になった後に接点が離れても, これは記憶状態であるので, 出力はちらつかない.

演習問題略解　　　　　　　　　　　　　*159*

2. セット優先形フリップフロップの入力をA, Bとすると，RSフリップフロップへの入力 $S = A$, $R = \overline{A}B = \overline{\overline{\overline{A}B}}$ とすればよい．（解図3.1参照）

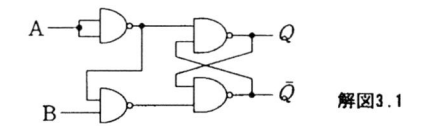

解図3.1

3. 解図3.2参照．

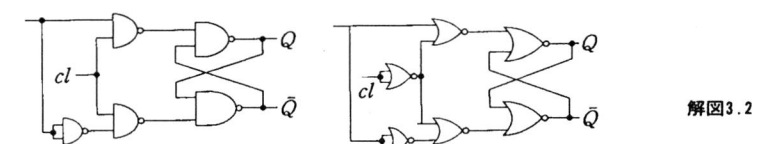

解図3.2

4. Dラッチは，データを保持する機能があるが，入力Dが出力にも同時に伝わるため，直接フィードバックすることはできない．一方，マスタスレーブ構成では，入力Dがスレーブ側の出力に同時に伝わらないため，フィードバックをしても問題にならない．

5. 以下の構成図（解図3.3）より，論理回路図が得られる．

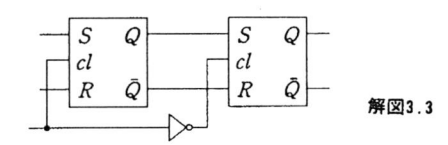

解図3.3

6. 略

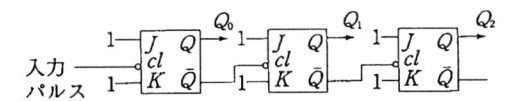

7. 解図3.4参照．

解図3.4

8. 解図3.5参照．

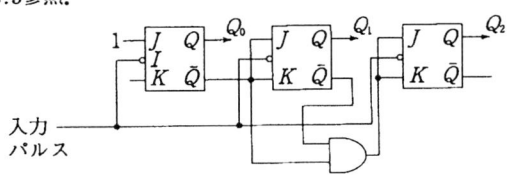

解図3.5

4章

1. プログラムの開始アドレスを00とする．

(1)	CLEAR	(2)	CLEAR	(3)	CLEAR
	ADD 81		ADD 81		ADD 81
	CMP		CMP		CMP
	AND 80		INCR		INCR
	CMP		ADD 80		ADD 80
	STORE 82		STORE 82		SKIPZ
	CLEAR		HLT		JUMP 0A
	ADD 80				CLEAR
	CMP				STORE 82
	AND 81				HLT
	CMP				CLEAR
	AND 82				ADD 80
	CMP				STORE 82
	HLT				HLT

2. 1つの考え方として，被除数から除数を減じていき，減算結果が負になったら停止する．
3. インデックスアドレス指定，相対アドレス指定，ページアドレス指定など．
4. アセンブリ言語では，機械語の操作コードの代わりにニモニックが，またオペランドアドレスの代わりにラベル（記号アドレス）を用いるなどの相違点がある．
5. 略

5章

1. 解図5.1参照．

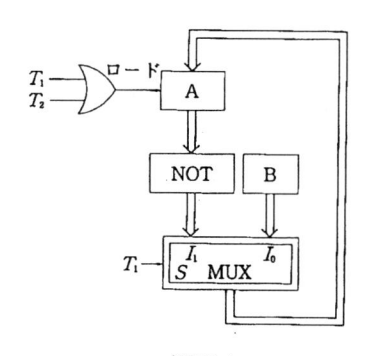

解図5.1

演習問題略解   *161*

2. | ROMアドレス | x_1 | x_2 | x_3 | x_4 | x_5 | x_6 | x_7 | x_8 | NA | コメント |
|---|---|---|---|---|---|---|---|---|---|---|
| 0D | 1 | 0 | 0 | 0 | 1 | 0 | 0 | 0 | 0E | MAR ← PC |
| 0E | 0 | 1 | 0 | 0 | 0 | 1 | 0 | 0 | 0F | MBR ← M, PC ← PC+1 |
| 0F | 1 | 0 | 0 | 0 | 0 | 0 | 0 | 0 | 10 | MAR ← MBR |
| 10 | 0 | 1 | 0 | 0 | 0 | 0 | 0 | 0 | 11 | MBR ← M |
| 11 | 1 | 0 | 0 | 0 | 0 | 0 | 0 | 0 | 12 | MAR ← MBR |
| 12 | 0 | 1 | 0 | 0 | 0 | 0 | 0 | 0 | 13 | MBR ← M |
| 13 | 0 | 0 | 1 | 1 | 0 | 0 | 0 | 0 | 00 | A ← MBR, NA ←00 |

3. (1) LDA ADR1
    NAND ADR1
    STA ADR1
    LDA ADR2
    NAND ADR2
    NAND ADR1
    STA ADR3
    HLT

(2) 略, (3) $x_0 = t_0 + q_0 t_3 + q_1 t_3 + q_2 t_3$, $x_1 = q_0 t_5 + q_1 t_5 + q_2 t_5$, $x_2 = t_1 + q_0 t_4 + q_1 t_4 + q_2 t_4$, $x_3 = q_0 t_7$, $x_4 = t_1 + q_0 t_4 + q_1 t_4 + q_1 t_6 + q_2 t_4 + q_2 t_6$, $x_5 = q_1 t_7$, $x_6 = q_2 t_9$, $x_7 = t_2$, $x_8 = q_0 t_7 + q_1 t_7 + q_2 t_9$, $x_9 = q_0 t_6$, $x_{10} = q_2 t_8$, $x_{11} = q_2 t_7$

4. (1) LDA ADR3
    CMP
    ADD ADR0
    ADD ADR1
    ADD ADR2
    STA ADR4
    HLT

(2) 略, (3) $x_0 = t_0 + q_0 t_3 + q_1 t_3 + q_2 t_3$, $x_1 = q_0 t_5 + q_1 t_5 + q_2 t_5$, $x_2 = t_1 + q_0 t_4 + q_1 t_4 + q_2 t_4$, $x_3 = q_0 t_7$, $x_4 = t_1 + q_0 t_4 + q_1 t_4 + q_1 t_6 + q_2 t_4 + q_2 t_6$, $x_5 = q_1 t_7$, $x_6 = q_2 t_9 + q_3 t_4$, $x_7 = t_2$, $x_8 = q_2 t_7$, $x_9 = q_3 t_3$, $x_{10} = q_0 t_6$, $x_{11} = q_0 t_7 + q_1 t_7 + q_2 t_9 + q_3 t_4$, $x_{12} = q_2 t_8$

5. (1) LDA ADR2
    TSC
    ADD ADR1
    SKIPN
    HLT
    TSC
    HLT

(2) SKIPN のみ示す。 $q_2 t_3$: AOB ← A $\bar{a} q_2 t_4$: T ← 0 $a q_3 t_4$: PC ← PC+1, T ← 0

(3) $x_0 = t_0 + q_0 t_3 + q_1 t_3$, $x_1 = q_0 t_5 + q_1 t_5$, $x_2 = t_1 + q_0 t_4 + q_1 t_4 + a q_3 t_4$, $x_3 = t_1 + q_0 t_4 + q_0 t_6$

演習問題略解

$\quad +q_1t_4+q_1t_6,\ x_4=q_0t_7,\ x_5=q_1t_9+q_2t_4,\ x_6=t_2,\ x_7=q_0t_7+q_1t_9+q_2t_4+q_3t_4,\ x_8=q_2t_3,$
$\quad x_9=q_1t_8,\ x_{10}=q_3t_3,\ x_{11}=q_1t_7$

6. (1) LDA ADR1
    SUB ADR2
    SKIPNZ
    HLT
    LDA ADR1
    HLT
  (2) SKIPNZ のみ示す. $aq_2t_3 : \text{T}\leftarrow 0\quad \overline{a}q_2t_3 : \text{PC}\leftarrow \text{PC}+1, \text{T}\leftarrow 0$
  (3) $x_0=t_0+q_0t_3+q_1t_3,\ x_1=q_0t_5+q_1t_5,\ x_2=t_1+q_0t_4+q_1t_4+\overline{a}q_2t_3,\ x_3=t_1+q_0t_4+q_0t_6$
    $+q_1t_4+q_1t_6,\ x_4=q_0t_7,\ x_5=q_1t_9,\ x_6=t_2,\ x_7=q_0t_7+q_1t_9+q_2t_4,\ x_8=q_1t_8,\ x_9=q_1t_7$

7. 略

6 章

1. $\{S_0, S_3, S_5, S_6\}, \{S_1\}, \{S_2, S_4\}$ の 3 状態へ圧縮可能
2. (1) 状態変数を y とし, $S_0 \Leftrightarrow y=0,\ S_1 \Leftrightarrow y=1$ の状態割当をすれば, 状態式は $Y=\overline{x}\,\overline{y}$
    $+xy$, 出力式は $z=y$ となる.
  (2) $(1\vee 0\ 1*0)*0\ 1*(0\vee 1)$
  (3) 解図 6.1 参照.

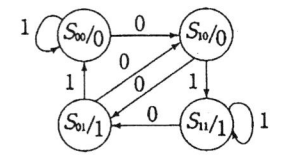

解図 6.1

3. 問図 6.2 と同じ.
4. (1) 略, (2) 入力を d, 状態変数を $q_2q_1q_0$ とし, 計数値を 2 進数に対応させる.
    $Q_0=\overline{d}\overline{q_0}\overline{q_2}+\overline{d}q_0,\ Q_1=\overline{d}q_1+\overline{q_0}q_1+dq_0\overline{q_1},\ Q_2=\overline{d}q_2+dq_0q_1,$
    出力 $z=dq_2$
  (3) 解図 6.2 参照.

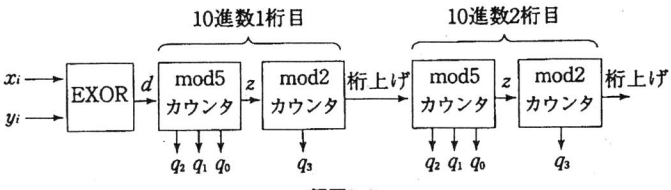

解図 6.2

5. (1) 5進カウンタのタイムチャートとなる． (2) 状態変数を $y_2 y_1 y_0$ とし，計数値を2進数に対応させる．$Y_0 = \overline{x} y_0 + x y_0 \overline{y_2}$, $Y_1 = \overline{x} y_1 + \overline{y_0} y_1 + x y_0 \overline{y_1}$, $Y_2 = \overline{x} y_2 + x y_0 y_1$

6. 2進カウンタと同じ状態遷移図となる．$Y = \overline{x} y + x \overline{y}$, $z = xy$

7. (1) 略， (2) $Y_0 = x + y_0 \overline{y_1}$, $Y_1 = \overline{y_0} y_1 \overline{x} + y_0 \overline{y_1} \overline{x}$, $z = y_0 y_1 \overline{x}$

8. (1) 解図6.3参照．

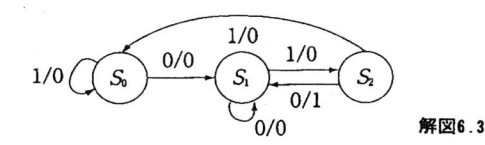

解図6.3

(2) $Y_0 = \overline{x}$, $Y_1 = x y_0$, $z = \overline{x} y_1$ (3) 題意から直接 $(0 \lor 1)^* 0 1 0$ が得られるが，これ以外にもある．

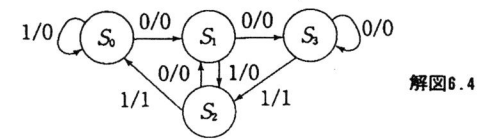

9. (1) 解図6.4参照．

解図6.4

(2) $Y_0 = \overline{x}$, $Y_1 = y_0$, $z = x y_1$

10. (1) 解図6.5参照．

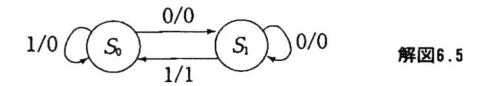

解図6.5

(2) 入力を x，状態変数を y とする．$Y = \overline{x}$, $z = xy$ (3) $(0 \lor 1)^* 0 1$ あるいは $(1 \lor 0 0^* 1)^* 0 0^* 1$ など．

11. 以下の状態遷移図（解図6.6）において，$S_0 \Leftrightarrow y_1 = 0 \quad y_0 = 0$，$S_1 \Leftrightarrow y_1 = 1$ $y_0 = 0$，$S_2 \Leftrightarrow y_1 = 0 \quad y_0 = 1$，$S_3 \Leftrightarrow y_1 = 1 \quad y_0 = 1$ の状態割当では，$Y_0 = x y_1 + \overline{x} y_0 y_1$，$Y_1 = \overline{x}$，出力 $z = x y_0 y_1$ となる．

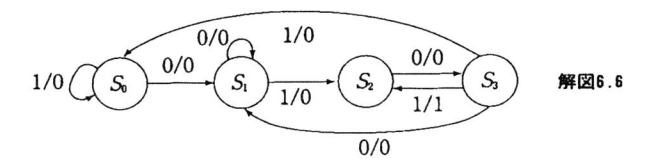

解図6.6

12. S_0 をそれまでの入力系列が 3 の倍数である状態, S_1 は 3 の倍数 + 1 の状態, S_2 は 3 の倍数 + 2 の状態とすると, 状態遷移図は解図6.7のようになる.

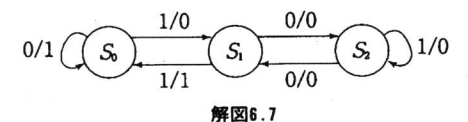

解図6.7

$S_0 \Leftrightarrow y_0 = 0$ $y_1 = 0$, $S_1 \Leftrightarrow y_0 = 0$ $y_1 = 1$, $S_2 \Leftrightarrow y_0 = 1$ $y_1 = 0$ の状態割当では, 入力を x とすると $Y_0 = xy_0 + \overline{x}y_1$, $Y_1 = \overline{x}y_0 + x\overline{y_0}\overline{y_1}$, 出力 $z = \overline{x}\,\overline{y_0}\overline{y_1} + xy_1$ となる.

7章

1. $k = 1$ のセルでは, 2入力の排他的論理和の機能である (解図7.1参照).

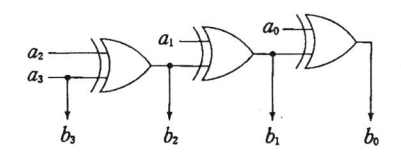

解図7.1

2. 全減算器をカスケードに接続する. 全減算器は前段の借り入力を b, 被減数 1 ビット入力を x, 減数 1 ビット入力を y, 差出力を D, 借り出力を B とすると以下のような組合せ表のようになる. $x - y - b = D - 2B$ の等式が成立する.

b	x	y	D	B
0	0	0	0	0
0	0	1	1	1
0	1	0	1	0
0	1	1	0	0
1	0	0	1	1
1	0	1	0	1
1	1	0	0	0
1	1	1	1	1

3. Wallace tree の乗算器などがある. 全加算器は 3 入力 2 出力のセルであるため, 2進木構造のようには規則的にならない.

演習問題略解 165

4. (1)   (3) 解図7.2参照   (4) 解図7.3参照

a_{i-1}	b_i	F_{i-1}	F_i
0	0	0	0
0	0	1	1
0	1	0	1
0	1	1	1
1	0	0	0
1	0	1	0
1	1	0	0
1	1	1	1

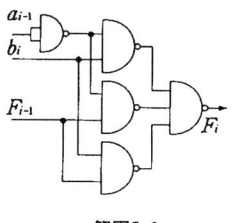

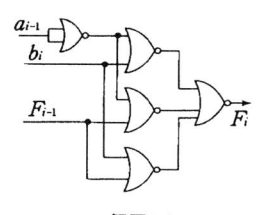

解図7.2   解図7.3

(2) $F_i = \overline{a_{i-1}}b_i + \overline{a_{i-1}}F_{i-1} + b_i F_{i-1}$, $F_i = (\overline{a_{i-1}} + b_i)(\overline{a_{i-1}} + F_{i-1})(b_i + F_{i-1})$

(5) 解図7.4参照.

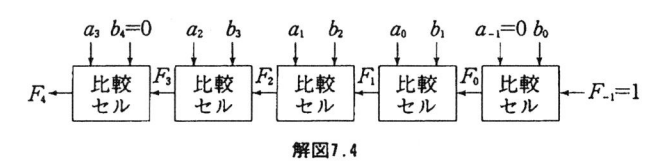

解図7.4

a_3 $b_4=0$ a_2 b_3 a_1 b_2 a_0 b_1 $a_{-1}=0$ b_0

F_4 ← 比較セル ← F_3 ← 比較セル ← F_2 ← 比較セル ← F_1 ← 比較セル ← F_0 ← 比較セル ← $F_{-1}=1$

5. (1) 2つの2進数を$A_i = (a_{i-1} \cdots a_1 a_0)$, $B_i = (b_{i-1} \cdots b_1 b_0)$とし,順序回路の2入力を$a_{i-1} b_{i-1}$, $A_{i-1} \geqq B_{i-1}$の状態をS_0, それ以外の状態をS_1とする. S_0へ遷移したときに出力が1となる, Moore形順序回路の状態遷移図は解図7.5のとおりである.

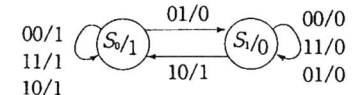

解図7.5

状態変数をyとし,$S_0 \Leftrightarrow 1$, $S_1 \Leftrightarrow 0$の状態割当に基づき,$Y = z = a_{i-1}\overline{b_{i-1}} + \overline{b_{i-1}}y + a_{i-1}y$となる.

6. (1) 最下位ビットからkビット目で初めて1が現れる場合,入力は$(x_{n-1}, \cdots, x_k, 1, 0, \cdots, 0)$である. 2の補数は,各ビットを反転したもの$(\overline{x_{n-1}}, \cdots, \overline{x_k}, 0, 1, \cdots, 1)$に1を加えるので,$(\overline{x_{n-1}}, \cdots, \overline{x_k}, 1, 0, \cdots, 0)$となる. (2)略 (3) $f = x_i + c_{i-1}$, $g = \overline{x_i}c_{i-1} + x_i \overline{c_{i-1}}$ 構成図は本文図7.3に対応する. (4)以下の状態遷移図(解図7.6)に対して,状態式$Y = x_i + y$, 出力式$z = x_i \overline{y} + \overline{x_i} y$

解図7.6

7. (1) 解図7.7参照.　　(2) 解図7.8参照.

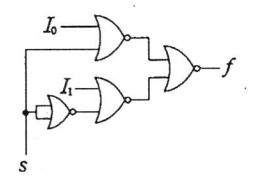

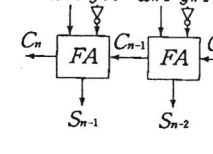

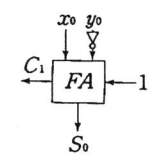

解図7.7

解図7.8

(3) 解図7.9参照.

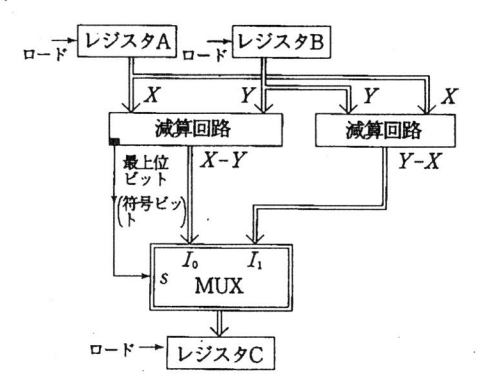

解図7.9

索　引

(五十音順)

あ　行

アーキテクチャ設計レベル　72
アキュムレータ　62
アセンブリ言語　12
アドレス　56
アナログ　1
　——計算機　2
　——コンピューティング　1
1の補数　131
一般化されたド・モルガンの定理　20
インタプリタ　11
エッジトリガJKフリップフロップ　46
エミュレーション　100
オペランド　65,85
オペレーティングシステム　12

か　行

回路設計レベル　72
書込み　56
カスケード形並列演算回路　139,141
加法標準形　22
カルノー図　23
間接アドレス指定方式　64
完全性　16
簡単化　23

機械語　11
木構造大小比較演算回路　147
木構造並列演算回路　139,149
機能設計レベル　72
基本演算子　16
キャリルックアヘッド加算回路　148
吸収律　17
共通バス　79

組合せ回路　14
組合せ表　17
クロック　42
　——付きRSフリップフロップ　42

系列検出器　144
ゲート　16
桁上げ　135
結合律　17
現在の状態　109

さ　行

交換律　14,16
高水準言語　11
コンパイラ　11

最小化　25
最小項　19,22
　——展開　19,22
最小論理和形　26
最大項　19,22
　——展開　22
算術論理演算　83

シフトレジスタ　54
実効アドレス　64
実行サイクル　64
集積回路技術　9
16進表記法　3
主項　25,29
出力関数　113
受理　118
順序回路形演算回路　139,151
条件分岐　84
乗算　69,138
状態数の最小化　110
状態遷移図　109
状態遷移表　109
状態割当　113
乗法標準形　22

真理値表 17

垂直形 100
スイッチング代数 16
水平形 98

正規集合 118
正規表現 117
制御回路 92
制御関数 78
制御ワード 97
積項 19,21
積和形 21
絶対アドレス指定方式 64
全加算器 135
先見方式 146
宣言文 78
専用計算機 9

操作コード 65,85
ソース 78
相補律 15,17
双対定理 20
即値アドレス指定方式 66
ソフトウェア 9

た 行

大小比較回路 142
ダイナミック RAM 58
代入 78
タグビット 65
束 16
単位元 17

直接アドレス指定方式 64
直列加算回路 137
次の状態 108

ディジタル 1
　——回路 2
　——計算機 2
　——コンピューティング 1
　——表現 2
デコーダ 77
デスティネーション 78
テストパターン設計レベル 73
展開定理 22

等価な状態 110
同期式カウンタ 55
同期式3進カウンタ 115
同期式順序回路 107
特性方程式 41,43
ド・モルガン
　——束 16
　——代数 16
　——律 17

な 行

二重否定 17
2進数 3,131
　——加算 133
2の補数 131
2ワード命令 85

ノイマン形計算機 11

は 行

ハードウェア 9
　——記述言語 74
排他的論理和 130
配列形乗算器 138
バス転送 79
半加算器 135
汎用計算機 9

非冗長論理積形 29
非冗長論理和形 26
必須主項 26,29
非同期式カウンタ 55
非同期式順序回路 107
標準積和形 22
標準和積形 22

ファームウェア 11,97
ファンアウト 23
ファンイン 23
ブール代数 14
符号・絶対値表現 131
フラッシュメモリ 60
フリップフロップ 39
プログラムカウンタ 63
プログラム内蔵方式 11,64
プロセッサ 1
分配束 16
分配律 14,17

並列加減算回路 136
べき等律 16

ま行

マイクロオペレーション 74, 87
マイクロ診断 97
マイクロプログラム 11
——制御 95
マイクロプロセッサ 9
マクロオペレーション 87
マスクROM 59
マスタスレーブJKフリップフロップ 43
マルチプレクサ 75

命令語 64
命令コード 85
命令実行サイクル 91
命令取出しサイクル 64, 90
メモリ 56
メモリ転送 81

文字情報 4
モジュール 73

や, ら, わ行

有限状態機械 118

読出し 56

リアルタイム処理 11
リップルキャリ
——加算回路 141
——方式 136
リテラル 19, 21

ルックアヘッド
——演算回路 139
——方式 146

レイアウト設計レベル 73
励起関数 113
零元 17
レースレスフリップフロップ 53
レジスタ 54
レジスタトランスファ
——言語 74
——レベル 72
——論理 73
連接 117

論理関数 17
論理積形 21
論理設計レベル 72
論理和形 21

和 135
和項 19, 21
和集合 117
和積形 21

(a, b, c 順)

ALU 72
AND 15
ASCII 5

CMOS回路 31
CMOSスタティックRAM 58

Dフリップフロップ 52

EEPROM 60
EPROM 60

Huffman-Mealyの方法 111
Huntingtonの公理 14

JKフリップフロップ 42, 114

LSB 3
LSD 3

Mealy形順序回路 109
Moore形順序回路 109
MPEG 9
MSD 3
MSB 3

n次元ベクトル 18
NAND 31
——回路網 33
——ゲート 30
NOR 31
——回路網 35
——ゲート 30
NOT 15

索　引

OR　15

PROM　60

RAM　39,57
ROM　39,57

RSフリップフロップ　40
RS　ラッチ　40
RSTフリップフロップ　42
RSTラッチ　42

SRフリップフロップ　40

SR　ラッチ　40

Verilog-HDL　75
VHDL　75
VLSI　9

著者略歴

亀山　充隆(かめやま　みちたか)

1978年　東北大学大学院工学研究科博士
　　　　課程修了
現　在　東北大学大学院情報科学研究科
　　　　教授
　　　　工学博士

ディジタル コンピューティング システム

定価はカバーに表示

1999年11月30日　初版第1刷
201 年 9 月15日　新版第1刷
2024年11月25日　第8刷

著　者　亀　山　充　隆
発行者　朝　倉　誠　造
発行所　株式会社　朝　倉　書　店
　　　　東京都新宿区新小川町6-29
　　　　郵便番号　162-8707
　　　　電話　03(3260)0141
　　　　FAX　03(3260)0180
　　　　https://www.asakura.co.jp

〈検印省略〉

© 2014〈無断複写・転載を禁ず〉　印刷・製本　デジタルパブリッシングサービス

ISBN 978-4-254-12207-7　C 3041　　Printed in Japan

JCOPY　<出版者著作権管理機構 委託出版物>

本書の無断複写は著作権法上での例外を除き禁じられています。複写される場合は、そのつど事前に、出版者著作権管理機構(電話 03-5244-5088, FAX 03-5244-5089, e-mail: info@jcopy.or.jp)の許諾を得てください。

好評の事典・辞典・ハンドブック

数学オリンピック事典	野口 廣 監修	B5判 864頁
コンピュータ代数ハンドブック	山本 慎ほか 訳	A5判 1040頁
和算の事典	山司勝則ほか 編	A5判 544頁
朝倉 数学ハンドブック［基礎編］	飯高 茂ほか 編	A5判 816頁
数学定数事典	一松 信 監訳	A5判 608頁
素数全書	和田秀男 監訳	A5判 640頁
数論＜未解決問題＞の事典	金光 滋 訳	A5判 448頁
数理統計学ハンドブック	豊田秀樹 監訳	A5判 784頁
統計データ科学事典	杉山高一ほか 編	B5判 788頁
統計分布ハンドブック（増補版）	蓑谷千凰彦 著	A5判 864頁
複雑系の事典	複雑系の事典編集委員会 編	A5判 448頁
医学統計学ハンドブック	宮原英夫ほか 編	A5判 720頁
応用数理計画ハンドブック	久保幹雄ほか 編	A5判 1376頁
医学統計学の事典	丹後俊郎ほか 編	A5判 472頁
現代物理数学ハンドブック	新井朝雄 著	A5判 736頁
図説ウェーブレット変換ハンドブック	新 誠一ほか 監訳	A5判 408頁
生産管理の事典	圓川隆夫ほか 編	B5判 752頁
サプライ・チェイン最適化ハンドブック	久保幹雄 著	B5判 520頁
計量経済学ハンドブック	蓑谷千凰彦ほか 編	A5判 1048頁
金融工学事典	木島正明ほか 編	A5判 1028頁
応用計量経済学ハンドブック	蓑谷千凰彦ほか 編	A5判 672頁

価格・概要等は小社ホームページをご覧ください．